广西八桂林木花卉种苗股份有限公司
广西壮族自治区林业科学研究院
广西壮族自治区林业种苗站

南方高价值用材树种栽培与木材利用

沈　云　　詹定举　　黄伯高　　梁瑞龙　／　主编

广西科学技术出版社

图书在版编目（CIP）数据

南方高价值用材树种栽培与木材利用 / 沈云等主编 . —南宁：广西科学技术出版社，2022.7（2024.1 重印）
ISBN 978-7-5551-1825-1

Ⅰ.①南… Ⅱ.①沈… Ⅲ.①用材林—经济林—树种—栽培技术—研究—中国②用材林—经济林—树种—木材—加工—研究—中国 Ⅳ.① S727.1 ② TS65

中国版本图书馆 CIP 数据核字（2022）第 131996 号

NANFANG GAO JIAZHI YONGCAI SHUZHONG ZAIPEI YU MUCAI LIYONG

南方高价值用材树种栽培与木材利用

沈　云　詹定举　黄伯高　梁瑞龙　主编

责任编辑：饶　江　　　　　　　　　装帧设计：韦娇林
责任校对：夏晓雯　　　　　　　　　责任印制：陆　弟

出版人：卢培钊　　　　　　　　　　出版发行：广西科学技术出版社
社　　址：广西南宁市东葛路66号　　邮政编码：530023
网　　址：http://www.gxkjs.com

经　　销：全国各地新华书店
印　　刷：北京虎彩文化传播有限公司
开　　本：787 mm×1092 mm　　1/16
字　　数：166千字　　　　　　　　　印　　张：7.25
插　　页：12
版　　次：2022年7月第1版　　　　　印　　次：2024年1月第2次印刷
书　　号：ISBN 978-7-5551-1825-1
定　　价：69.00 元

前　言

　　高价值用材树种是指木材价值较高、生态适应性较强、生长较快、人工栽培经济效益较高的一类树种。高价值用材树种概念是对原来珍贵树种概念的提升，注重木材价值和人工栽培的经济效益。中国南方地区气候温暖，降水丰富，土壤肥沃，高价值用材树种资源较为丰富，诸如楠木、红椿、香合欢、大叶榉树、榔榆等。但是，由于人们对高价值用材树种的重要性认识不足，致使高价值用材树种人工造林发展滞后。当前，国家实施的天然林禁伐、树种结构调整以及林业产业结构调整等一系列政策措施，极其有利于高价值用材树种的发展扩大。同时，人工林经营的人工费、肥料费等造林成本的快速增加，以及桉树、马尾松、杉木等长期规模造林引起的病虫害及生态脆弱问题，要求大幅度提高高价值用材树种造林比重，改变当前人工林树种以马尾松、杉木和速生桉树为主的森林资源结构。

　　经过大范围调查、试验研究和规模造林推广，我们发现选择合适树种和采种林分，做到适地适树、选用壮苗、科学管护，能取得较好的成效。为此，我们总结了多年技术经验，参考了相关材料，组织编写了本书。由于水平有限，书中遗漏、欠妥等不足之处在所难免，敬请各位读者批评指正。

编者

2022 年 5 月

目 录

第一章
高价值用材树种
总述

中国南方地区简称"南方"，是指中国东部季风区的南部，为当今中国四大地理区划之一，即秦岭—淮河一线以南地区，西面为青藏高原，东面和南面分别濒临黄海、东海和南海，大陆海岸线长度约占全国的 2/3 以上。南方地区以热带、亚热带季风气候为主，夏季高温多雨，冬季温和少雨，年均降水量在 800 mm 以上，山地迎风坡降水较多。

中国南方地区为我国最主要商品林区和人工林造林区，木材年产量占全国 90% 以上，桉树（*Eucalyptus* spp.）、杉木（*Cunninghamia lanceolata*）、马尾松（*Pinus massoniana*）为该区域最主要的商品林造林树种。然而，桉树、杉木、马尾松大面积纯林，易造成森林病虫害蔓延，多代连栽造成的地力衰退、营造林成本不断上涨造成的人工商品林经营效益低等问题，严重影响人工商品林经营。为此，我们通过多年调查、定位试验研究以及试验推广，选择出了一批适应性强、生长快、木材价值高的树种进行推广造林，取得了较好效果。

第一节　木材主要材性

人工用材林的经营不但要强调其速生性，更要考虑其木材的质量。木材材性是评价木材质量与加工利用价值的重要标准，在众多木材材性中，木材密度是最为重要的，其次是木材装饰性，另外还得考虑木材缺陷。

一、木材密度

木材是由木材细胞壁实质物质、水分及空气组成的多孔性材料，其密度是指单位体积木材的质量。由于木材的质量和体积均受含水率影响，反映着木材的不同含水状态。木材密度可以分为生材密度、气干密度、绝干密度和基本密度 4 种，以基本密度和气干密度最为常用。通常所说的气干密度为木材含水量 12% 时，1 cm³ 木材克重，的测定值，大多数木材的气干密度为 0.3 ～ 0.9 g/cm³。密度大的木材，其湿胀干缩率也大，同时力学强度也较高。

根据《木材识别——主要乔木树种》标准，木材气干密度分 5 级：小于 0.345 g/cm³ 为轻；0.345 ～ 0.542 g/cm³ 为略轻；0.543 ～ 0.740 g/cm³ 为中；0.741 ～ 0.963 g/cm³ 为略重；大于 0.963 g/cm³ 为重。

二、木材装饰性

（一）木材颜色

木材颜色以暖色调（如红色、褐色、红褐色、黄色和橙色等）最为常见。木材的颜色对其装饰性很重要，但这并非指新鲜木材的"生色"，而是指在空气中放置一段时间后的"熟色"。

（二）木材光泽

任何木材都是径切面最有光泽，弦切面稍差，若木材的结构密实细致、板面平滑，则光泽较好。通常，心材比边材有光泽，阔叶树材比针叶树材光泽好。

（三）木材纹理

木材纤维的排列方向称为纹理。木材的纹理可分为直纹理、斜纹理、螺旋纹理、交错纹理、波形纹理等。不规则纹理常使木材的物理和力学性能降低，但其装饰价值有时却比直纹理木材好得多，因为不规则纹理能使木材具有非常美丽的花纹。

（四）木材花纹

木材表面的自然图形称为花纹。木材花纹是由于树木中不寻常的纹理、结构组织和色彩变化等因素而产生的自然图案，它还与木材的切面有关。美丽的花纹对装饰性十分重要。

三、木材缺陷

（一）天然缺陷

天然缺陷指木节、斜纹理以及因生长应力或自然损伤而形成的缺陷。木节是树木生长时被包在木质部中的树枝部分。原木的斜纹理常称为扭纹，对锯材则称为斜纹。

（二）生物危害缺陷

生物危害缺陷主要有腐朽、变色和虫蛀等。木材是植物性材料，容易受虫、菌等侵蚀，引起木材腐朽，以致降低木材等级、使用年限和价值，造成木材资源浪费。木材防腐通常利用木材本身的天然耐腐性，采用物理保管和化学保管等方法。木材耐腐性及抗虫蛀性是木材对虫、菌等侵害固有的抗性。不同树种的木材对虫、菌等危害的抗性不同，这主要取决于不同木材的组织结构、材质及化学组成。一般心材比边材耐腐性、抗虫蛀性好。不同树种木材的耐腐性、抗虫蛀性各有差异，如楠木（*Phoebe bournei*）、小叶红豆（*Ormosia microphylla*）、红豆树（*Ormosia hosiei*）等树种木材的心材具有很强的耐腐性和抗虫蛀性；而马尾松、望天树（*Parashorea chinensis*）、红锥

（*Castanopsis hystrix*）等树种木材极不具有耐腐性和抗虫蛀性。

（三）干燥及机械加工引起的缺陷

干燥及机械加工引起的缺陷包括干裂、翘曲、锯口伤等。这些缺陷会降低木材利用价值，如蚬木（*Excentrodendron tonkinense*）干燥时极易翘曲、干裂；而楠木、格木（*Erythrophleum fordii*）干燥时稳定性极强。

第二节　高价值用材树种认知

高价值用材树种简称"高价值树种"，指木材价值高、生态适应性较强、生长较快、人工栽培经济效益较高的一类树种。高价值用材树种概念，是对原来珍贵树种概念的提升，强调木材价值和人工栽培的经济效益。中国南方高价值用材树种，如楠木、香合欢（*Albizia odoratissima*）、大叶榉树（*Zelkova schneideriana*）、榔榆（*Ulmus parvifolia*）等，资源较为丰富，但由于人们对高价值用材树种的重要性认识不足，致使高价值用材树种人工造林发展滞后。当前，国家实施天然林禁伐、树种结构调整以及林业产业结构调整等一系列政策措施，极有利于高价值用材树种扩大栽培。同时，人工林经营的人工费、肥料费等造林成本的快速增加，以及由于桉树、杉木、马尾松等树种长期规模造林引起的病虫害及生态脆弱问题，也要求大幅提高高价值用材树种造林比重，改变当前人工林树种以马尾松、杉木和速生桉树为主的森林资源结构。

一、高价值用材树种评判

高价值用材树种需满足下面 3 个条件：（1）木材材性好；（2）市场认可度高，木材售价高（木材价格应该在普通桉树木材 5 倍，甚至 10 倍以上，即 5000 元 /m³ 以上）；（3）适应性强，生长快，适宜规模人工栽培。

二、好材性木材特点

好材性木材一般有以下 3 个特点。

（一）木材密度高

木材密度高，即木材硬重，通常以含水率为 12% 时的气干密度表示，即木材在一定的大气状态下达到平衡含水率时的重量与体积比，单位为"g/cm³"。红木木材气干密度不低于 0.76 g/cm³。广西五大硬木格木、蚬木、金丝李（*Garcinia paucinervis*）、紫荆木（*Madhuca pasquieri*）、狭叶坡垒（*Hopea chinensis*）的气干密度分别为 0.90 ～ 1.10 g/cm³、1.13 g/cm³、0.97 g/cm³、0.90 g/cm³、1.01 g/cm³。

（二）花纹亮丽

亮丽的木材花纹有楠木的金丝状花纹、降香黄檀（*Dalbergia odorifera*）的鬼脸纹、铁刀木（*Cassia siamea*）的鸡翅状花纹等。

（三）历史文化底蕴深厚

好的木材往往具有一定的历史文化底蕴。楠木，有"中华第一材"之美誉，为商品材种"金丝楠"中最主要的产材树种。大叶榉树，又称椐木、血榉，有"无榉不成具"的比喻，古时以大叶榉树来制作高档家具，称没有大叶榉树木材的家具，不成家具。产于华南地区的格木，又称铁木、铁黎木，材性与红木相当，有"土产红木"之称，古时岭南民间家具中以格木为优质用材。

总之，木材具备以上 3 个特点中的 2 个即可称之为好材质木材。如楠木、大叶榉树、椐榆、格木、小叶红豆等木材，以及华南及西南地区栽培的降香黄檀、柚木（*Tectona grandis*）都有以上 3 个特点。近年，我们大力推广的香合欢，木材气干密度为 0.843 g/cm³，木材花纹似紫檀（*Pterocarpus indicus*）类木材，家具市场常用作仿紫檀家具；大花序桉（*Eucalyptus cloeziana*），木材气干密度为 0.780 g/cm³，花纹亮丽，木材被称为"澳洲大花梨"，材质亦非常好。

三、大力推广高价值用材树种的作用

近年规模栽植的桉树、杉木、马尾松引发了病虫害和生态脆弱问题，严重影响造林效益，各级地方政府、林业主管部门、营造林者都在寻找替代树种。同时，高价值用材树种，木材贵重，木材价格多以重量计价，少则每吨一万元人民币，多则数十万元人民币，甚至数百万元人民币，单株树木价值少则一两万元人民币，贵则数十万元至数百万元人民币。大多数高价值用材树种天然更新能力强，造林后可通过疏伐合格木材，促进天然更新，一次造林，永续利用。如今营造林人工成本日益上涨，经营高价值用材树种的相对成本会更低。

四、高价值用材树种推广任重道远

南方有木材材性优良、适应性强、生长快、经济价值高的用材树种，但为什么高价值用材树种发展如此缓慢？原因是多方面的，如政府重视不够、科研单位对这些树种研究不足、造林树种（种源）选择不当、造林立地选择不当及造林种苗选择不当等。20 世纪 80 ～ 90 年代大力推广的米老排（*Mytilaria laosensis*）、火力楠（*Michelia macclurei*）、观光木（*Tsoongiodendron odorum*），生长虽快，但木材价格极低，仅与桉树、马尾松木材相当，这样的树种无法调动大家种植的积极性。近年来，随着人们生活水平提高，实木家具成为时尚，高价值用材树种木材价格飞涨，越来越多的人开始投入高价值用材树种的研究、造林。

五、中国南方应优先发展的高价值用材树种

根据我们的研究结果，发展高价值用材树种，应根据当地气候、土壤条件选择合适的造林树种。目前，中国南方应优先推广楠木、香合欢、大叶榉树、榔榆、黄连木（*Pistacia chinensis*）、红椿（*Toona ciliata*）等，海南及云南南部还可推广降香黄檀、柚木。

六、柚木、降香黄檀、土沉香发展前途

柚木、降香黄檀为高价值用材树种，木材以重量计价。但是，这两个树种对水分、肥力、温度要求极严格，通过近几十年规模人工造林，我们发现除海南、云南南部外，南方其他地区几乎找不到生长较好的成片人工林。

土沉香（*Aquilaria sinensis*），经营目的以产香为主，根据我们对广东、广西多地调研发现，普通土沉香树体难于结香，或结香率低，品质差，急需选择种植优良无性系苗木。此外，土沉香主要商品为沉香，市场需求量极低，若规模发展，市场风险大。

七、火力楠、木荷、任豆、大叶栎发展前途

火力楠、木荷（*Schima superba*）、任豆（*Zenia insignis*）、大叶栎（*Castanopsis fissa*）、马褂木（*Liriodendron chinense*）、米老排、枫香树（*Liquidambar formosana*）等木材密度较低、颜色浅，无亮丽花纹，木材价格低，不适宜规模栽培。然而，这些树种都为南方乡土阔叶树种，为天然林优势种或主要建群种，对维护当地森林生态平衡有着重要作用，可在生态公益林中大力发展。

八、竹柳、白楠、绿桐发展前途

竹柳（*Salix* spp.），是产于中国北方的柳属树种，在长江以北地区的平原地带等水肥条件较好的立地生长较快。南方各地已有造林表明其生长较慢。竹柳木材松软，仅

能造纸，不能旋切，然而每个树种木材造纸工艺不同，造纸厂不可能为某种小批量木材而改变生产工艺。

白楠，即为黄梁木（*Neolamarckia cadamba*），人为炒作常将其与楠木联系在一起。黄梁木生长虽快，但木材松软，尚无规模利用经验，木材几无价值。此外，黄梁木树冠宽大，仅能栽培 150 ～ 300 株/hm²，单位面积产量低。

绿桐，即为白花泡桐（*Paulownia fortunei*），被人为炒作成神树。白花泡桐虽然生长快，但要求生长立地较高，木材松软，利用范围窄，经济价值低。

九、高价值用材树种培育年限

不同树种培育年限不一，同时与经营措施相关。但人工栽培，能显著缩短栽培年限。以楠木为例，天然树木要 50 年以上方成大材，人工栽培 32 年胸径便可达 47 cm，经济价值已非常高了。

十、经营高价值用材树种技术特点

相对于马尾松、杉木、桉树，高价值用材树种通常对立地条件要求较高，宜选择土壤较为肥沃之地栽培。同时，多数高价值用材树种的幼树生长较慢，一般要使用规格较大的苗木，造林抚育要求精细。

第三节　高价值用材树种栽培技术

随着人们生活水平提高，对珍贵木材需求迅猛增加，科学经营高价值用材树种，具有投资省、成材快、效益高等特点。广西融水贝江河林场营造的楠木人工林，3 年生平均树高 4.38 m，平均胸径 4.88 cm，最高单株树高 7 m。广西林业科学研究院（以下简称"广西林科院"）在广西南宁栽植的香合欢，1 年生树高 5.5 m，胸径 6.1 cm。据此推算，楠木主伐年龄在 25 年以内，平均胸径可达 30 cm，单株价值在人民币 2 万元以上；香合欢主伐年龄在 15 年以内，平均胸径可达 30 cm，单株价值在人民币 2000 元以上。

一、造林树种选择

南方树种资源丰富，以广西为例，广西原生高等植物超过 8000 种，木本植物超过 3000 种，原生植物种类居全国第 3 位。然而，原生物种中能人工规模造林，且具有较高经济效益的树种种类并不多，加之科学研究相对滞后和商业宣传作用，目前广西高价值用材树种人工造林树种选择仍十分困难和混乱，南方其他省市情况亦如此。选择高价值用材树种造林树种应把握 3 个关键点，即材性优良、栽培特性好，并注意区别外形相似树种。

（一）木材材性

不同树种材性差异极大。一般来说，木材有较高密度（木材气干密度 0.6 g/cm³ 以上）、花纹亮丽、丰富文化内涵这三条标准中的两条，便可算得上优质木材。按照这个标准评判当前南方部分主要造林树种，结果如表 1-1 所示。

表 1-1 南方部分造林树种木材材性

科（亚科）名	树种	木材气干密度（g/cm³）	木材花纹	木材文化	综合评价
金缕梅科	米老排 *Mytilaria laosensis*	0.577	无	无	普通木材
木兰科	火力楠 *Michelia macclurei*	0.540	无	无	普通木材
	灰木莲 *Manglietia glauca*	0.463	无	无	普通木材
桃金娘科	大花序桉 *Eucalyptus cloeziana*	0.780	亮丽	无	高端木材
	柠檬桉 *Eucalyptus citriodora*	0.960	亮丽	无	高端木材
楝科	红椿 *Toona ciliata*	0.600	亮丽	中国桃花心木	高端木材
樟科	楠木 *Phoebe bournei*	0.620	金丝楠花纹	金丝楠木文化	高端木材
马鞭草科	柚木 *Tectona grandis*	0.630	亮丽	柚木文化	高端木材
含羞草亚科	香合欢 *Albizia odoratissima*	0.843	亮丽	红木近亲	高端木材

续表

科（亚科）名	树种	木材气干密度（g/cm³）	木材花纹	木材文化	综合评价
榆科	大叶榉树 *Zelkova schneideriana*	0.791	亮丽	无榉不成具	高端木材
	榔榆 *Ulmus parvifolia*	0.900	亮丽	与大叶榉树 木材通用	高端木材
漆树科	黄连木 *Pistacia chinensis*	0.713	亮丽	无	高端木材
蝶形花亚科	降香黄檀 *Dalbergia odorifera*	0.880	亮丽	红木文化	高端木材
	小叶红豆 *Ormosia microphylla*	0.845	亮丽	仿红木文化	高端木材
	红豆树 *Ormosia hosiei*	0.699	亮丽	仿红木文化	高端木材
	木荚红豆 *Ormosia xylocarpa*	1.005	亮丽	仿红木文化	高端木材
云实亚科	格木 *Erythrophleum fordii*	1.000	亮丽	格木文化	高端木材
千屈菜科	尾叶紫薇 *Lagerstroemia caudata*	0.800	亮丽	无	高端木材
	川黔紫薇 *Lagerstroemia excelsa*	0.800	亮丽	无	高端木材
蔷薇科	贵州石楠 *Photinia bodinieri*	0.933	亮丽	无	高端木材
壳斗科	赤皮青冈 *Cyclobalanopsis gilva*	0.880	亮丽	无	高端木材
	福建青冈 *Cyclobalanopsis chungii*	0.950	亮丽	无	高端木材
	青冈 *Cyclobalanopsis glauca*	0.887	亮丽	无	高端木材

　　另外，还需考虑木材耐腐、耐虫蛀能力，边心材比例及形成心材时间，木材稳定性等指标。例如望天树木材气干密度 0.817 g/cm³，密度属略重。然而，调查中我们发现望天树木材置野外极易受虫蛀、菌腐，伐倒后的木材置林地约 3 个月，几乎全部被白蚁蛀空。因此，望天树几乎没有商品栽培价值。

　　蚬木对环境适应性强，木材硬重，但木材稳定性差，易翘、易裂，百年老屋撤下的老料制作家具极易开裂、变形。木材除制作菜板，石山区群众偶作建筑外，少有其他用途。

因此，目前南方规模栽培的所谓珍贵树种如米老排、火力楠、灰木莲（*Manglietia glauca*）等，则为普通木材。而红椿、楠木、柚木、香合欢、大叶榉树、榔榆、黄连木、降香黄檀、格木等树种才是高价值用材树种。

（二）栽培特性

不同树种的生态适应性及生长速度相差极远。商业化人工造林，需要生长快、适应当地环境、能成片造林的树种。金丝李、紫荆木、狭叶坡垒材质虽好，但生长速度极慢，金丝李 30 年树龄胸径不足 6 cm，紫荆木 30 年树龄胸径不足 20 cm，狭叶坡垒百年古树胸径也不足 20 cm。金丝李、紫荆木、狭叶坡垒几乎不具有商品林经营价值。

格木木材材质硬，材性稳定，是仿古建筑、造船、高档家具用材。然而，格木造林树干多歪斜，嫩梢易受虫蛀，在广西，格木造林几乎不成林，推广造林还有许多技术难点需攻破。

柚木是缅甸国木，优良实木用材。柚木对气候条件、土壤肥力要求极高，目前广西、广东、福建尚无规模栽培成功的例子。但是，在云南西双版纳，柚木生长快、成材快，山地人工造林，常规管理措施下，生长 18 年平均胸径达 30 cm，可采伐利用。

降香黄檀原产于海南西南部，在当地混生于次生阔叶林和灌丛。各地人工栽培，除四旁绿化零星栽培的生长较好外，山地造林普遍生长较差，几不成林。

紫檀为高大乔木，生长快，曾为各地推广造林。但紫檀为典型热带树种，在广西凭祥，约 5 ℃低温持续 1 周，大树就都会冻死。

（三）区别相似树种

高价值用材树种为近几年才开始推广的造林理念，人们对其认识不足，目的树种中有较多相似的物种，极易混淆。不同物种的生物生态学习性通常相差极远，选择不当，极易造成损失。以当前规模发展的楠木为例，楠属植物国产 35 种，有高大乔木、乔木、小乔木甚至灌木种，有的产于热带，有的产于亚热带，加之商业炒作，让广大林农及国有林场损失巨大。2013 年，融水贝江河林场从江西九江购买 50 kg 所谓的楠木种子，培育 10 余万株苗木，造林后发现为白楠（*Phoebe neurantha*），灌木状，3 年开花结实，没有主干。

四川多地炒作的细叶桢楠，商业炒作称之为楠木优良品种，并宣传细叶桢楠木材优于楠木，为全国多地引种栽培。根据我们考察发现，所谓的细叶桢楠，实为细叶楠（*Phoebe hui*），要求温凉湿润环境，生长速度仅为楠木的 1/3 ～ 1/2，人工栽培成材时间应在 50 年以上。重庆、广西、湖南等地引种的细叶楠，不能成林。

西南桦（*Betula alnoides*）和光皮桦（*Betula luminifera*）在广西都有分布，2 个树种在

叶片、种子上几乎无法区别，但在树干、果穗、落叶时间上有差别。西南桦喜暖热，不耐寒，自然分布于百色、崇左两地海拔800 m以下区域，引种到玉林兴业海拔约500 m处，嫩枝冬季受冻；光皮桦为中国亚热带东部地区常见种，自然分布于广西北部及西北部，在百色仅生长于海拔800 m以上山地，不耐高温。采种不当，极易造成损失。

（四）建议推广的几个高价值用材树种

根据南方气候、土壤条件及木材市场价格，中国南方地区建议重点推广楠木、香合欢、黄连木、大叶榉树、榔榆、红椿、柚木、降香黄檀等8个树种，浙江楠（*Phoebe chekiangensis*）、尾叶紫薇（*Lagerstroemia caudata*）、川黔紫薇（*Lagerstroemia excelsa*）、小叶红豆、红豆树、木荚红豆（*Ormosia xylocarpa*）、赤皮青冈（*Cyclobalanopsis gilva*）、福建青冈（*Cyclobalanopsis chungii*）、青冈（*Cyclobalanopsis glauca*）、贵州石楠（*Photinia bodinieri*）、大花序桉、柠檬桉（*Eucalyptus citriodora*）等可在适宜地区试验性栽培。

二、采种

（一）种源选择

树木是有生命的，存在种源、林分、家系、个体等多层次遗传变异。根据我国已有研究，楠木、枫香树、南酸枣（*Choerospondias axillaris*）、木荷等绝大多数乡土阔叶树种存在南部种源生长优于北部种源、西部种源优于东部种源的情况。建议选择本地或稍南、稍西部种源采种，禁止从造林地北部调种。但是，种源地与采种地地理位置若跨度太大，气候条件相差太大，会存在冻害、台风等适应性问题。

红椿，中国境内自然分布于浙江、安徽、福建、江西、湖北、湖南、贵州、重庆、四川、云南、广西、广东、海南等地，南方几乎各省都有红椿自然生长。然而，红椿种源之间在生长适应性、生长速度、木材材性存在巨大变异。李培等（2017）在广东广州的红椿18个种源苗期生长试验结果表明，1年生苗，最优种源云南永仁、保山隆阳，广西隆林、田林，贵州兴义1年生平均苗高超过90 cm，而最差种源安徽黄山、湖北宣恩、湖南城步及江西莲花、宜丰1年生平均苗高不足30 cm。李培（2016）研究表明，红椿木材密度范围为0.2804～0.5346 g/cm³，西南及华南地区红椿种源木材密度较华中及华东地区大，木材更优良，加工利用价值更大。李艳等（2015）在湖南汩罗的红椿造林试验中发现，云南普洱、保山、西双版纳、楚雄，广西西林、隆林及广东云浮种源造林保存率较低；湖南冬季气温较为寒冷，不适宜热带种源生长，热带种源不耐低温环境，遇到低温冰雪便遭受冻害，死亡率较高。

根据我们在广西融水进行的香合欢不同种源造林试验发现，幼林生长与经度呈负相关，东部种源生长显著慢于西部种源。然而，西部种源叶序较长，分枝较长，幼林树干易倒伏；而东部种源则叶序短，枝短，抗倒伏，但生长稍慢。广西香合欢造林，以当地种源最好。

（二）采种林分选择

采种优先选择人工种子园，在没有建立人工种子园的情况下可选择优良天然林采种，决不可采收孤立母树或在人工林内采种。我们进行的楠木种源／家系试验表明，广西富川、兴安、全州、融水，贵州从江、榕江，湖南江华、祁阳相比较，以产自广西富川的种子子代生长最好。广西富川现在有较大规模的楠木天然林，基因丰富，母树间能充分自由授粉。广西兴安、全州、融水，贵州从江、榕江，湖南江华、祁阳等地的楠木采种林分，或为零星生长，或为人工林，子代多为近交或自交，自花授粉，会产生遗传分化，苗木及造林后树体生长差，这也是中国南方乡土阔叶树种造林生长普遍较差的最主要原因。

值得注意的是，多数植物为异花授粉，通常自花不育或近交授粉不育，或授粉不良造成种子涩粒，种子发芽率低。野外调查中，我们发现油杉（*Keteleeria fortunei*）、海南风吹楠（*Horsfieldia hainanensis*）、大叶榉树、黄连木、膝柄木（*Bhesa robusta*）为高度自花不育或近交不育种。油杉人工林、大叶榉树天然零散植株、黄连木天然零散植株所结果实多为涩粒。海南风吹楠、膝柄木个体多为零星生长，孤立母树采集的种子能培育苗木，但苗木会逐步死亡。杨淼淼等（2020）也观察到了江南油杉（*Keteleeria fortunei* var. *cyclolepis*）的自交退化问题。根据我们对产自湖南永州市金洞管理区的楠木人工造林母树上采收的种子进行的观察，楠木自花能育，但自花授粉种子种胚烂胚严重，种胚变黑率约90%。

（三）母树选择

林木遗传变异存在种源—林分（群落）—家系—个体4个层次的变异。我们对楠木进行的连续4年楠木种源／家系试验也表明，楠木种源间、群落间及群落内个体间存在丰富变异。楠木采种，在未建立人工种子园前可选择优良种源的优良天然林的优良单株采种。

2019年开始，我们进行了红椿种源／家系试验，发现红椿分枝习性具有高度遗传性，采集到的一个家系营造的2年生人工林，均在约2 m处分枝，极显目。

高价值用材树种采种，一定要选择优良林分中的优良个体，不能从干形差的个体上采种，更严禁从孤立木母树上采种。

三、优质苗木培育

优质苗木是营造优质人工林的基础，对人工林的造林效果起到关键作用。当前，桉树采用 3 个月轻基质无纺布小袋苗，杉木采用 1 年生裸根苗或 1 年生轻基质无纺布小袋苗，马尾松采用半年至 1 年小袋苗，完全能满足造林需求。桉树、杉木、马尾松苗龄太长，苗木太大，不便造林，且造林成活率及幼林生长亦受影响。

高价值用材树种苗木，要根据不同树种，采用不同的培育技术，盲目照搬马尾松、杉木、桉树育苗方法不可取。高价值用材树种通常幼龄期生长较慢，抵抗干旱、杂草能力较弱，应选择根壮、苗粗的苗木上山造林。根系不发达、须根少的苗木不宜上山造林；根系老化，长期滞留苗床的苗木，也不宜上山造林。使用无纺布轻基质大袋苗造林，能使新造林提前郁闭，也能缩短幼林抚育时间，减少幼林抚育成本，值得推广。

四、造林措施

（一）造林地选择

适地适树是保障造林成败的另一重要因素。应根据树种生物生态学习性，选择造林树种，做到适地适树。如楠木需肥沃立地，立地要求与杉木相近，能栽杉木立地，就能栽楠木。又如香合欢耐干旱瘠薄，中国北热带及以南地区可广泛栽培，尤其适合广西、广东及海南沿海台地、广西西部与贵州东南的南北盘江干热河地、四川攀枝干热河谷、云南中部及南部的干热河谷。黄连木、大叶榉树、榔榆耐干旱瘠薄，在酸性土、钙质土都能生长，可在适宜气候区广泛推广栽培。红椿，耐干旱瘠薄，在中国南方酸性土上可规模推广栽培。

（二）造林整地

高价值用材树种幼龄根系生长通常较弱，高规格整地能抑制杂草生长，促进幼树根系生长。提倡整地规格为 60 cm×60 cm×40 cm，最低不低于 50 cm×50 cm×30 cm。

（三）栽植密度

栽植密度与树种、立地条件、苗木大小及经营目标相关。采用大袋苗造林，可稀植，可考虑（2～3）m×（3～4）m，即 833～1666 株/hm²，争取做到栽植的每一株苗都能形成一株树，改变此前广种薄收，密植保成活的传统做法。

（四）混交造林

高价值用材树种自然生长于天然林中，树种多样。人工营造纯林，结构单纯，常会发生各类病虫害，影响造林效果，故而提倡混交造林。根据近年的楠木造林效果，我们发现混交造林中的楠木叶片更浓绿，病虫害更少。

根据几年的试验观察，我们发现如下优良模型。

（1）杉木与高价值用材树种混交，新造林，按顺山排列，2 列杉木 2 列高价值用材树种。

（2）利用高价值用材树种进行杉木林改造模式，择伐杉木，保留杉木 225 ～ 300 株/hm²，郁闭度 0.3 ～ 0.5，林下栽植高价值用材树种。

（3）桉树与高价值用材树种混交模式，新造林，按顺山排列，2 列桉树 3 列高价值用材树种。

（4）利用高价值用材树种进行桉树纯林改造模式，主伐桉树，保留桉树萌条 225 ～ 300 株/hm²，林下栽植高价值用材树种。

（五）幼林抚育

高价值用材树种幼龄根系生长通常较弱，高规格抚育，能抑制杂草生长，促进幼树根系生长。主要方法是扩坑、全铲抚育，交替进行，抑制杂草生长，促进幼树生长，尽快成林。

五、生态公益林改造模式

根据国家政策和林业技术研究结果，人工马尾松、杉木、桉树纯林及部分低效生态林，生态效益差，或为大径材培育需要，急需改造成多树种混交林，提高生态效益，也能增加收入。现有林改造的方法是，适当伐除上层乔木，清理林下灌草，保留乔木郁闭度 0.3 ～ 0.5，林下按 120 ～ 150 丛/hm² 的密度，每丛按直径 2 ～ 3 m 的规格，对栽植丛全垦，每丛栽植 3 ～ 5 株苗木，栽后对丛内新栽幼树加强抚育管理，经 5 ～ 8 年，即可形成混交林。

六、零散栽培模式

（一）四旁植树模式

高价值用材树种大多喜水肥、喜光照，极适合作四旁植树。"四旁"指路旁、宅旁、水旁、村旁，即道路两边、房前屋后、河流两岸、堤坝两侧、水库周边及村子周围等。以四旁植树模式栽培高价值用材树种，能充分利用边角地，也能产生良好的生态效益和经济效益。

（二）后龙山模式

后龙山地区土壤水肥条件较好，地块也零星，极适合栽植高价值用材树种。在后龙山上栽植高价值用材树种，技术简单，只需清理林下灌草，保留乔木树种，按 3 ～ 5 m 的距离，穴状整地，采用大袋苗造林，栽植高价值用材树种。之后无须抚育，注意防人畜破坏，5 ～ 8 年即可成林，效果好、成本低。

第二章

树种各论

第一节　楠木

别名：桢楠、闽楠、竹叶楠、香楠（广西、湖南、湖北）、兴安楠（广西）

木材商品名：金丝楠、香楠

学名：*Phoebe bournei*（Hemsl.）Yang

科名：樟科

本书所述楠木，包括《中国植物志》(英文修订版) 所记载的闽楠（*Phoebe bournei*）和楠木（*Phoebe zhennan*）。楠木，樟科楠属常绿大乔木，为国家二级保护野生植物。楠木以材质优良而闻名，干形通直，木材致密坚韧、色泽金黄、芳香耐久，纹理美观，是高档家具、高档装饰装潢、工艺雕刻等良材，具极高经济、生态和观赏价值。

一、形态特征与分布

（一）形态特征

高大乔木，高达 15 ～ 30 m。树干通直，分枝少。老的树皮为灰白色，新的树皮为黄褐色。小枝有毛或近无毛。叶革质或厚革质，披针形或倒披针形，长 7 ～ 15 cm，宽 2 ～ 4 cm，先端渐尖或长渐尖，基部渐狭或楔形，上面发亮，下面有短柔毛，脉上被伸展长柔毛，有时具缘毛，中脉上面下陷，侧脉每边 10 ～ 14 条，上面平坦或下陷，下面突起，横脉及小脉多而密，在下面结成十分明显的网格状；叶柄长 5 ～ 20 mm。花序生于新枝中、下部，被毛，长 3 ～ 10 cm，通常有 3 ～ 4 个紧缩不开展的圆锥花序，最下部分枝长 2.0 ～ 2.5 cm；花被片卵形，长约 4 mm，宽约 3 mm，两面被短柔毛；第 1 ～ 2 轮花丝疏被柔毛，第 3 轮密被长柔毛，基部的腺体近无柄，退化雄蕊三角形，具柄，有长柔毛；子房近球形，与花柱无毛，或上半部与花柱疏被柔毛，柱头帽状。果椭圆形或长圆形，长 1.1 ～ 1.5 cm，直径约 6 mm；宿存花被片被毛，紧贴。花期 4 月，果期 11 ～ 12 月。

楠木最早于 1891 年有了植物学命名，当时置于润楠属，植物学命名为 "*Machilus bournei*"。1922 年和 1927 年分别被命名为 "*Phoebe blepharopus*" 和 "*Phoebe acuminata*"，1945 年被正式定名为 "*Phoebe bournei*"。1979 年，又被划分出 2 个品种，将产自四川、重庆的楠木称楠木或桢楠，有了新的植物学名 "*Phoebe zhennan*"；而产自福建、江西、湖南、贵州、浙江、湖北、广东、广西的楠木有了新的中文名称 "闽楠"，植物学名仍保留"*Phoebe bournei*",颇有兄弟分家、各得部分家产的意味。根据《中国植物志》记载,桢楠仅产于四川、重庆、湖北西部和贵州西北部。然而,查阅国家标本平台(www.nsii.org.cn)发现用桢楠检索的标本达 570 份,以 *P. zhennan* 检索的标本有 774 份,分别采自于四川 19 个县(市)、重庆 6 个县(区)、贵州 24 个县(市)、湖北 30 个县(市)、湖南 8 个县、江西 7 个县(区)、河南 5 个县、广东和广西各 4 个县、云南 3 个县、陕西 2 个县,安徽、福建和浙江各 1 个县。通过查阅湖南、贵州、湖北近年相关研究报告和考查报告发现,不同研究者对同一株树定名不一,有称桢楠,有称闽楠,亦有些研究者将桢楠和闽楠同时列入。近年来,根据我们及吴大荣(1998)进行的研究,闽楠与桢楠形态特征区别极不明显。我们通过 DNA 及叶片表型研究,发现闽楠与桢楠差异具有地理变异的连续性,基于上述理由,我们认为闽楠与桢楠应视作同一物种。

楠属另一物种细叶楠(*Phoebe hui*),因分布范围窄,数量少,近年被炒作成楠木优良品种,称细叶桢楠、小叶桢楠,在全国多地规模推广造林,造成巨大损失。细叶楠最早于 1916 年采集标本,1945 年正式定名。细叶楠以叶片细小、叶尖尾状渐尖而明显区别于楠木。细叶楠仅分布于四川、贵州、云南、陕西。生长环境温凉、湿润、肥沃,适应性差,生长速度仅为楠木的 1/3 ～ 1/2,不具有规模推广的价值。

考察中我们还发现,在我国西南地区的楠木、细叶楠和光枝楠(*Phoebe neuranthoides*)常混生,区别细微,极易混淆。在四川峨眉山,当地将楠木分为 3 类,即大叶、中叶和小叶,实则分别为光枝楠、楠木和细叶楠。在四川成都,当地将楠木分为 2 类,即大叶型和小叶型,实则分别为楠木和细叶楠。四川都江堰、贵州习水等地的古树保护标识牌上所标识的桢楠或楠木,多为细叶楠。光枝楠为小乔木,栽培价值较低。

(二)分布

楠木为中国特有植物,产于福建、江西、湖南、贵州、重庆、四川及浙江南部、湖北南部、广西北部及西北部、广东北部。楠木自然分布,北至湖北来凤县百福司镇(北纬 29.160°)、湖北利川星斗山自然保护区(北纬 27.655°)、浙江开化济溪镇(北纬 27.443°),南至广西田林岑王老山自然保护区(北纬 24.363°)、广西贺州平桂区水口镇(北纬 23.904°),东至浙江平阳南雁荡山风景区(东经 120.286°)、浙江泰顺司前镇(东经 119.785°),西至四川成都都江堰风景区(东经 103.647°)。

楠木自然分布海拔范围较广泛。北部湖北来凤百福司镇的楠木林海拔 548 ～ 685 m,中部湖南永州金洞管理区的楠木林海拔约 200 m,南部广西富川朝东镇的楠木林海拔约 300 m,广西乐业同乐镇楠木林海拔约 1050 m,广西田林岑王老山国家级自然保护区楠木林海拔 1400 ～ 1500 m。

楠木分布范围虽广，但由于长期过度的采伐和物种本身对光照的特殊要求而影响了天然更新，野生资源已近枯竭，现有野生资源多生长在自然保护区、生态保护小区或列入古树名木。据 2013～2016 年开展的第二次全国重点保护野生植物资源调查资料显示，广西楠木主产区的桂林、柳州、来宾、河池 4 市范围内，楠木在 31 个分布点（县）有生长，总株数 346 株，其中 7 个点多于 10 株，10 个点仅 1 株。

二、生物生态学特性

（一）生物学特性

楠木 1 年抽梢 3 次，即冬芽—春梢、春芽—夏梢、夏芽—秋梢。春梢 2～3 月，夏梢 5～6 月，秋梢 9～10 月。据陈建毅（2014）在福建省将乐县对楠木 4 年生幼林连续 3 年观测，楠木春梢生长量 14.7 cm，占全年高生长 23.1%；夏梢生长量 23.0 cm，占全年高生长 36.3%；秋梢生长量 25.6 cm，占全年高生长 40.6%。春梢生长量最小，夏梢生长量略小于秋梢，不同年度由于气候等因素，生长量有较大差别。水肥条件较好或当年气候温暖会出现抽梢 4 次。

楠木花芽形成在 4 月中旬至 5 月上旬，开花在 4 月下旬至 5 月中旬，幼果形成在 5 月中旬至 5 月下旬，种子成熟在 11 月中旬至 12 月下旬。不同年度稍有差别，前后相差在 10 天以内。4～5 月为楠木生长的关键时期，需对此进行相关的抚育管理。

楠木结实存在明显的大小年现象，种子寿命较短，不耐贮藏，具有休眠特性。楠木种子冬季成熟，翌年 2～4 月初开始萌发，7 月后地面种子即丧失活力。种子活力受时间和贮藏方式影响较大。楠木育苗所需种子必须适时采摘，避免种子落地后，导致发霉，而影响发芽力。采收种子要采取湿沙贮藏，减缓老化程度。

楠木早期主根发达，侧根较少。邹惠渝等（1995）对种植 20 年的楠木人工林根系测定发现，楠木侧根比主根发达。为此认为，楠木早期其主根较为发达，随着林龄增长，主根退化，侧根逐渐发达。这也是成年树容易倒伏的重要原因。

（二）生态学特性

1. 温度

楠木分布范围广，对气候适应性较强。北部的湖北来凤县年平均温度 15.8 ℃，最冷月平均温度 4.5 ℃，极端低温 –9 ℃，冬季有冰雪，楠木生长良好，在百福司镇舍米湖村生长有面积约 20 hm² 楠木天然林群落。南部的广西富川县年平均气温 19.1 ℃，最冷月（1 月）平均温度 8.6 ℃，最热月平均温度 28.5 ℃，冬季有短期冰雪，在朝东镇蚌贝村生长有面积约 10 hm² 的楠木林。西部的重庆江津区年平均气温 18.0 ℃，最冷月平均温度 7.9 ℃，最热月平均温度 28.2 ℃，冬季偶有霜雪，夏季酷热。重庆是中国传统三大火炉城市之一，根据有关统计资料显示，近 50 年，重庆每年夏季极端平均高温约为 39 ℃，高于 35 ℃天数更是平均达到 31 天，高于 38 ℃天数达到 6 天，在 2006 年极端高温曾经达到了惊人的 44.1 ℃，但江津区塘河镇广布楠木，几乎每个村屯都可见自然生长的楠木。

近几年，楠木已为南方各地引种，栽培范围大大突破自然生长范围，生长普遍较好。北热带的广西高峰林场（南宁兴宁区）、中国林业科学研究院热带林业实验中心（广西凭祥）的 3 年生楠木人工林平均树高在 2.5 m 以上。由此说明，适度高温对楠木生长影响不大。低温反而可能造成楠木冻害，尤其幼苗期，广西全州、湖南江华、广西乐业人工培育的 1 年生小苗，常因霜冻造成叶片及嫩梢冻死，但 2 年生苗木及山地造林未见冻害。楠木自然生长地气候条件详见表 2-1。

表 2-1　楠木自然生长地气候条件

产地	经度	纬度	海拔（m）	年均温（℃）	最热月均温（℃）	最冷月均温（℃）	年降水量（mm）
浙江庆元	119.232° E	27.648° N	760	16.0	26.9	4.0	1689.0
福建明溪	117.273° E	26.344° N	350	18.0	27.0	7.6	1761.0
江西泰和	114.544° E	26.786° N	350	18.6	28.9	6.2	1378.5
湖南永州金洞管理区	112.091° E	26.293° N	200	18.2	29.6	6.1	1554.2
贵州从江	108.426° E	25.671° N	830	18.4	27.6	7.8	1284.0
重庆江津区	106.051° E	28.957° N	400	18.0	28.2	7.9	1035.5
四川泸州江阳区	105.370° E	28.869° N	640	18.0	27.5	8.0	1120.0
湖北来凤	109.226° E	29.204° N	650	15.8	26.9	4.5	1400.0
广西富川	111.170° E	25.019° N	300	19.1	28.5	8.6	1573.6
广西田林岑王老山保护区	106.317° E	24.363° N	1500	13.8	20.3	5.5	1183.2

2. 水分

楠木喜湿润环境，亦具较强耐干旱能力。楠木自然生长区年降水量为 1000 ～ 1800 mm。分布区东部的福建北部及西部、浙江南部降水量较高，普遍在 1600 mm 以上，该区域属沿海地区，夏季多台风，少酷热，多雨水。而楠木自然地的其他省（区），降水量在 1000 ～ 1600 mm，尤其楠木分布区西部的四川、重庆，盆地气候，远离海洋，夏季酷热、干旱。

楠木喜湿润，但不耐长期积水，未见溪水中有楠木生长。考察中发现，在山谷中、水沟旁常见自然生长的楠木古树。楠木亦耐干旱，在湖北来凤、贵州思南、湖南沅陵等近于石漠化的喀斯特石灰岩山地和紫色砂页岩土壤，常见自然生长的楠木天然林。

3. 光照

楠木对光照的反应较为特别。第 1 年需光量较低，此后需光量迅速增加，大约从第 3 年开始，全光照环境树木生长量最大。自然环境下，母树树冠下常见密布楠木小苗，但高度不足 20 cm，罕见超过 30 cm。楠木母树不远的林间空地、裸地、农地旁等光线较好的地段，常见稀疏生长高度 1 ～ 3 m 幼树。邹惠渝等（1997）研究表明，在满足湿度的情况下，处于光照水平较高条件的楠木，其幼苗、幼树生长更为苗壮。范辉华等（2016）对楠木生理光合特性研究表明，3 年生楠木存在"午休"现象，光饱和点较低。吴载璋等（2004）对楠木成林研究表明，楠木随着林龄增长对光照要求增大，成林需要全光照。楠木早期是耐阴的，需要比较耐阴的生长环境。在育苗时，采取适度遮阳处理是提高苗木质量的重要手段。

培育 1 年生小苗，遮阳约 60%，幼苗生长效果最好。广西兴安、南宁进行的直播育苗生产及试验发现，种子覆土约 1 cm，无遮阳，保持苗床湿润，能成苗，全光照环境育苗 1 年生苗高约为遮阳 60% 处理苗高的 52%。1 年生苗育苗过程中，芽苗挪动，强光照将导致嫩叶发生日灼，且这种伤害通常是不可逆的，从而造成育苗失败。因此，育苗过程中的芽苗移栽宜选择阴雨天进行，移植后需及时遮阳。夏季，禁止挪动幼苗，挪动会对幼苗根系造成损害，造成育苗失败。培育 2 年生大袋苗，在 3 月底前上袋，裸地育苗，无须遮阳。

4. 土壤

楠木对土壤适应性较强。花岗岩、石英砂岩、页岩、板岩、砂岩、第四纪红色黏土发育的酸性红壤、黄壤及黄红壤，石灰岩发育的棕色石灰土，紫色砂页岩发育的紫色土上，都可见楠木天然林。但是，楠木对土壤松紧度要求较为严格，楠木天然林普遍生长在疏松土壤上。在人工造林中采用"大穴整地（规格 50 cm × 50 cm × 30 cm 以上）+ 扩穴抚育"的模式，能显著促进幼林生长。

5. 群落

楠木为亚热带常绿阔叶林主要建群种，多地可见以楠木为优势种的天然林群落，但楠木亦较喜强光，在多种次生林或灌木林中亦见楠木植株。不同地区，与楠木混生树种不同。福建沙县罗卜岩自然保护区天然楠木林，主要混生树种有喜树（*Camptotheca acuminata*）、拟赤杨（*Alniphyllum fortunei*）、光皮桦、台湾冬青（*Ilex formosana*)、浙江楠、刨花润楠（ *Machilus pauhoi*)、细枝柃（ *Eurya loquaiana* ）等。湖北来凤百福司镇楠木林，主要混生树种有青冈、乌桕（ *Triadica sebifera*)、刺槐（ *Robinia pseudoacacia*)、杉木、油桐（ *Vernicia fordii*)、白花泡桐等。湖南永顺杉木河林场楠木林，主要混生树种有利川润楠（ *Machilus lichuanensis*)、宜昌润楠（ *Machilus ichangensis*)、杉木、毛竹（ *Phyllostachys edulis* ）等。广西富川朝东镇楠木林，主要混生树种有木荷、苦槠（ *Castanopsis sclerophylla*)、笔罗子（ *Meliosma rigida*)、老鼠矢（ *Symplocos stellaris*)、锥（ *Castanopsis chinensis*)、马尾松等。广西资源河口乡楠木散生于当地杉木人工林、毛竹人工林或马尾松次生林中。重庆江津区楠木林，主要混生树种有樟（ *Cinnamomum camphora*)、慈竹（ *Bambusa emeiensis*)、大叶慈（ *Dendrocalamus farinosus*)、橄榄（ *Canarium album* ）等。四川峨眉山楠木林，主要混生树种有细叶楠、光枝楠等。

（三）生长规律

1. 苗期生长规律

楠木苗期生长总量因育苗环境、育苗技术及采种母树种源、群落，相差甚远。2015 年前，各地 1 年生楠木苗苗高通常约 20 cm，个别单株苗高可达到 30 cm。近年，由于采用了轻基质、透气的无纺布育苗袋、圃地适度遮阳及科学的集约水肥管理技术，苗木生长量已有大幅度提高，1 年生苗高通常在 30 ～ 40 cm，个别单株苗高甚至超过 60 cm。

根据我们对楠木 1 年生苗生长节律的研究表明，苗高、地径生长节律均呈现"慢—快—慢"的 S 形曲线变化，生长高峰期出现在 7 月下旬至 10 月下旬。采用有序聚类分析法，结合苗木生长特性，楠木苗高和地径生长可划分为出苗期、生长初期、速生期和生长后期 4 个阶段。苗高速生期约 90 天，净生长量占全年生长量 55% 以上，地径速生期净生长量占全年生长量 34% ～ 48%。

2. 林分生长规律

不同地区、不同立地、不同经营水平，楠木生长水平相差极远，树木生长规律亦不同。据我们调查及查阅相关文献发现，楠木年龄 10 年内树高年平均生长量 0.40 ～ 1.38 m，胸径年平均生长量 0.41 ～ 1.08 cm，生长水平相差甚远。究其原因，主要是经营水平造成的。广西融水贝江河林场采用"2 年大袋苗 + 大穴整地（ 50 cm × 50 cm × 30 cm) + 扩穴抚育"的模式，4 年生平均树高 5.5 m、平均胸径 4.3 cm；而同气候带的广东乐昌龙山林场，采用 1 年生小袋苗及常规造林技术，7 年生平均树高 4.0 m、平均胸径 3.9 m，树高、胸径平均年生长量仅为贝江河林场的 41.30% 和 51.85%。

楠木速生，湖南永州金洞管理区利用楠木进行庭院绿化，32 年生楠木平均树高 18.0 m、平均胸径 47.4 cm；广西富川朝东镇楠木天然林，50 年生平均树高 20.2 m、平均胸径 35.9 cm。详见表 2-2。

表 2-2 楠木生长情况

地点	经度	纬度	海拔（m）	林分起源	林龄（年）	树高生长		胸径生长	
						树高（cm）	年生长（m）	胸径（cm）	年生长（cm）
广西全州咸水林场	110.78° E	25.77° N	350	人工	3	3.1	1.03	2.4	0.80
广西融水贝江河林场	109.26° E	25.07° N	300	人工	4	5.5	1.38	4.3	1.08
浙江开化林场	118.02° E	29.487° N	300	人工	7	3.6	0.51	4.6	0.66
广东广州龙洞林场	113.448° E	23.278° N	100	人工	7	6.8	0.97	5.7	0.81
湖南郴州苏仙区	113.073° E	26.040° N	300	人工	7	4.0	0.57	4.3	0.61
广东乐昌龙山林场	113.493° E	25.121° N	300	人工	7	4.0	0.57	3.9	0.56
广东肇庆北岭山林场	112.538° E	23.154° N	200	人工	7	2.8	0.40	2.9	0.41
福建顺昌国有林场	117.809° E	26.786° N	300	人工	8	6.8	0.85	8.8	1.10
福建永安国有林场	117.366° E	25.939° N	300	人工	11	7.2	0.65	9.1	0.83
江西吉水芦溪岭林场	115.172° E	27.207° N	200	人工	13	6.0	0.46	10.7	0.82
江西吉安青原白云山林场	115.325° E	26.813° N	300	人工	21	14.2	0.68	15.5	0.74
湖南永州金洞管理区	112.091° E	26.293° N	200	人工	32	18.0	0.56	47.4	1.48
福建三明三元区莘口镇	117.541° E	26.162° N	400	人工	45	14.5	0.32	16.3	0.36
江西泰和桥头林场	114.545° E	26.787° N	300	人工	47	21.6	0.50	32.2	0.69
广西富川朝东镇	111.17° E	25.019° N	300	天然	50	20.2	0.40	35.9	0.72
重庆永川国有林场	105.898° E	29.552° N	600	天然	60	35.3	0.59	38.8	0.65
江西官山自然保护区	114.55° E	28.55° N	470	天然	85	16.0	0.19	21.0	0.25
四川泸州方山风景区	105.32° E	28.82° N	280	天然	120	30.0	0.25	47.3	0.39

薛沛沛等（2020）对重庆永川国有林场进行的研究表明，60 年生楠木平均胸径为 38.81 cm，胸径年平均生长量在 0.65 cm，树高 35.30 m，树高年均生长量 0.59 m。楠

木胸径和树高连年生长量在 15～20 年生长最快，分别为 1.00 cm 和 1.00 m，最小值均出现在 55～60 年，分别为 0.31 cm 和 0.14 m。材积一直处于积累状态，60 年生楠木材积为 1.7131 m³，年均生长量为 0.0174 m³，连年生长量最大值出现在 45 年生时，为 0.0475 m³。详见表 2-3。

表 2-3 楠木人工林树干生长过程

年龄（年）	树高（m）			胸径（cm）			材积（m³）		
	总生长量	平均生长量	连年生长量	总生长量	平均生长量	连年生长量	总生长量	平均生长量	连年生长量
10	5.5	0.55	0.55	6.3	0.63	0.63	0.0109	0.0011	0.0011
15	9.8	0.65	0.86	10.6	0.71	0.85	0.0478	0.0032	0.0074
20	14.8	0.74	1.00	15.6	0.78	1.00	0.1426	0.0071	0.0190
25	18.9	0.76	0.82	20.2	0.81	0.92	0.2877	0.0115	0.0290
30	22.8	0.76	0.78	24.1	0.80	0.79	0.4759	0.0159	0.0376
35	26.1	0.75	0.66	27.6	0.79	0.69	0.6891	0.0197	0.0427
40	29.0	0.73	0.58	30.6	0.77	0.61	0.9216	0.0230	0.0465
45	31.4	0.70	0.48	33.3	0.74	0.54	1.1591	0.0258	0.0475
50	33.6	0.67	0.44	35.4	0.71	0.42	1.3799	0.0276	0.0442
55	34.6	0.63	0.20	37.3	0.68	0.37	1.5579	0.0283	0.0356
60	35.3	0.59	0.14	38.8	0.65	0.31	1.7131	0.0286	0.0310

江香梅等（2009）对江西吉安楠木天然林和人工林的群落调查及树干解析分析，结果表明楠木天然林和人工林树高、胸径及单株材积等生长特性基本相似，生长过程大致可分为 3 个时期，1～10 年为树高、胸径及单株材积生长的缓慢期；10～20 年为树高生长速生期，此时楠木树高连年生长量达 0.40 m 以上；10～30 年胸径生长急剧上升，期间胸径连年生长量达到 0.86 cm 以上；15～25 年时材积生长逐渐加速；20 年后为树高生长匀速期，连年生长量平均为 0.33 m；30 年后胸径生长速度变慢，连年生长量平均为 0.44 cm，33 年时达到数量成熟，并且随着树龄的增大，树形不断向圆锥体靠近；25 年后材积生长迅速提高，说明楠木生长速度并不缓慢，是培育珍贵阔叶树种大径材优良树种之一。详见表 2-4。

表 2-4 楠木人工林树干生长过程

年龄（年）	树高（m）			胸径（cm）			材积（m³）			形数
	总生长量	平均生长量	连年生长量	总生长量	平均生长量	连年生长量	总生长量	平均生长量	连年生长量	
5	2.0	0.40	0.40	2.4	0.48	0.48	0.0004	0.0001	0.0001	0.0491
10	4.0	0.40	0.40	5.3	0.53	0.58	0.0017	0.0002	0.0003	0.1713
15	6.2	0.41	0.42	9.0	0.60	0.74	0.0091	0.0006	0.0015	0.2308
20	9.3	0.47	0.42	13.4	0.67	0.88	0.4290	0.0021	0.0068	0.3273
25	10.7	0.43	0.28	20.7	0.83	1.46	0.1474	0.0059	0.0209	0.4095
30	12.8	0.43	0.42	27.0	0.90	1.26	0.3031	0.0101	0.0311	0.4138
35	14.4	0.41	0.32	29.1	0.83	0.42	0.4907	0.0140	0.0375	0.5126
40	17.0	0.43	0.52	31.2	0.78	0.42	0.5559	0.0114	0.0130	0.4279
45	20.0	0.44	0.60	33.6	0.75	0.48	0.6632	0.0147	0.0215	0.3742
47	21.6	0.46	0.78	39.4	0.84	2.90	0.7227	0.0154	0.0298	0.2752
47（带皮）	21.6	—	—	39.6	—	—	0.7595	—	—	0.2863

三、良种资源

楠木在我国分布范围十分广泛，包括福建、江西、湖南、贵州、重庆、四川、湖北、浙江、广东、广西 10 个省（市、自治区）。但是，楠木天然林群体十分有限，现存野生植株多为零星生长，甚至孤立生长的古树。根据我们调查及资料查询，在福建政和东平镇凤头村、建瓯房道镇漈村、沙县萝卜岩楠木自然保护区、明溪瀚仙镇连厝村沙洲坑甲自然保护区、江西龙南九连山自然保护区、宜春官山自然保护区、湖北来凤百福司镇舍米湖村、湖南沅陵借母溪自然保护区、永顺杉木河林场、重庆江津区塘河镇、永川区三教镇张家湾村、四川泸州方山风景区、广东始兴车八岭自然保护区、广西富川朝东镇蚌贝村、八步区滑水冲自然保护区、资源河口乡木律冲村、百色岑王老山自然保护区等数处仍保留有稍大规模的楠木天然林，为楠木重要的种质资源。这些种质资源，多数生长在自然保护区或保护小区内，楠木种质资源受到较好保护。

分布范围广泛，使得楠木存在十分丰富的遗传变异性，包括种源、群落（林分）、家系、个体间的变异。根据我们进行的楠木群体／家系 DNA 遗传多样性分析，10 个多态引物共检测到 175 个位点，其中多态位点 142 个，多态性比率为 81.14%；遗传多样性指数分析显示，楠木种群有效等位基因数 Ne=1.4409，Nei's 基因多样度 H=0.2574，

Shannon's 多样性指数 I=0.3885，说明楠木在基因水平上的遗传多样性较高。总种群基因多样度 Ht 为 0.2562，种群间基因多样度 Dst 为 0.1368，种群内基因多样度 Hs 为 0.1194，基因分化系数 Gst 为 0.5339，种群间产生遗传分化较种群内强烈。

楠木虽称"皇木"，但对其良种选育时间仍短，已有研究多停留在楠木种质资源收集保存、种源／家系选择试验、采种母树林建立阶段，嫁接技术尚待突破，实生种子园建设正处于起步阶段，审定认定良种较少。我们在广西融水贝江河林场建立了广西优良种源楠木种子园和四川盆地东部种源楠木种子园 2 个楠木实生种子园。富川楠木母树林种子、政和东平楠木母树林种子、永川楠木母树林种子分别获得当地省林业主管部门林木良种认证。

四、采种

（一）种源选择

建议选择当地或稍南、稍西部种源采种，禁止从造林地北部跨区域调种。值得注意的是，种源地与造林地地理位置跨度太大，气候条件相差太大，会存在冻害、伏旱、台风等适应性问题。考查中我们发现，楠木南部种源种子调入浙江庆元，幼树越冬困难，大多冻死。

自 2016 年开始，广西大量从重庆江津区采收楠木种子，子代生长良好。在广西融水、南宁培育苗木，冬季气温远较原产地重庆高，当日平均气温高于 15℃且持续 1 周时，楠木嫩芽萌发，而明显区别于其他种源。

（二）采种林分选择

采种优先选择人工种子园，若未建立种子园可在优良天然林内采种，决不可在零星母树、孤立木母树或人工林内采种。

（三）采种母树选择

林木遗传存在种源—林分（群落）—家系—个体 4 个层次的变异。我们对楠木进行的连续 4 年楠木种源／家系试验表明，楠木种源间、群落间及群落内个体间存在丰富变异。楠木采种，应选择优良单株采种，不能从干形差的个体上采种。

（四）种子收集与处理

种子于 11 月下旬至 12 月下旬成熟，当果实由青转变为蓝黑色时，即可采集。用竹竿击落或地面拾检果实。采回后，将果实放在竹箩内搓去果皮，清水漂洗干净，铺于地面，晾干种子表面水分，即可用沙床催芽或短途运输。1～5℃条件下可贮藏 2 个月，建议即采即播。

楠木果实千粒重为 487 ～ 503 g，平均 496 g。果实出籽率 40% ～ 50%。种子千粒重为 265 ～ 275 g，平均 269 g；种子室内发芽率为 84.8% ～ 88.5%，平均 86.5%；种子田间发芽率为 68.4% ～ 72.6%，平均 70.4%。通常每 50 kg 净种可育苗 12 万～ 15 万株苗木。

五、育苗

（一）圃地选择
楠木幼苗耐荫，忌强光，圃地宜选择日照时间较短、排灌方便及交通运输方便地块。

（二）播种时间
即采即播或 1 ～ 5 ℃冷藏至 1 月前播种。

（三）芽苗培育
将种子用 3‰高锰酸钾浸泡 2 小时后，用清水清洗干净，再用 50 mg/kg ABT 6 号生根粉或者浓度为 0.2% 的萘乙酸浸泡 2 ～ 3 小时。将经过处理的种子在室外用沙床或椰糠托催芽，直至幼苗生长至 5 ～ 8 cm。催芽沙床沙子，必须选择新鲜沙石，严禁使用陈旧沙。陈旧沙子，病菌多，易使种子染病。催芽时，需在沙床表面加盖塑料薄膜增温，加盖铁丝细网防鼠害。

（四）育苗袋
选用无纺布袋。培育 1 年生小苗可采用 6 cm × 8 cm，育苗袋可使用时间 1 年。1 年后小袋苗换大袋，采用 15 cm × 18 cm 立体袋，育苗袋可使用时间 2 年；直接用芽苗培育 2 年生大袋苗，可采用 13 cm × 16 cm 立体无纺布袋育苗。

（五）基质
育苗基质可采用重型基质（黄心土或森林表土）、轻型基质（椰糠、谷壳、腐熟废菌渣或泥炭土等）和轻土混合型基质 3 类，优先选轻型基质。

轻型基质，选择菌渣、泥炭土或堆沤过的锯木屑，菌渣要添加适量的杀菌剂和杀虫剂，高温堆沤 4 个月以上方可使用。

重型基质，按体积以 99.5% 的黄心土或森林表土 +0.5% 的复混肥或 90% 的黄心土或森林表土 +10% 的腐熟农家肥的体积比例配制。

轻土混合型基质，按黄心土或森林表土（40%）+ 发酵后的菌渣（40%）+ 塘泥（19.5%）+ 钙镁磷肥（0.5%）的体积比例配制。轻基质比例，应根据苗圃灌溉设施及造林需要适当调整，轻基质比例过高，盛夏苗木易缺水。三伏天缺水，会造成嫩芽及叶片灼伤，日灼造成的伤害是不可逆的，苗木受日灼后会逐步死亡，无法恢复生长。

（六）1 年生小袋苗培育

1. 育苗基质消毒

于移苗前 1 天，用 0.5% 的高锰酸钾溶液淋透，并覆盖塑料薄膜。

2. 芽苗移栽

移栽时间，3 月下旬至 5 月上旬，当气温稳定回升到 20 ℃以上，芽苗高 5 ～ 8 cm时即可移栽。移栽方法，用竹签在容器袋中央插 1 小孔，深约 3 cm，将芽苗栽植于小孔内（如根系过长，可适当剪短），并及时淋水，保持基质湿润。移栽后，每 2 天浇水1 次，天气干旱时则每天早晚各浇 1 次。

3. 施肥

初始追肥，当苗木长出 2 ～ 3 片叶后，结合除草松土，可开始追肥。初始追肥，以腐熟麸饼水肥为主，也可施经过稀释的沼液或浓度为 0.2% ～ 0.5% 的化学肥料，施肥后及时用清水冲洗幼苗叶面。6 ～ 9 月速生期追肥，每 15 天淋施 0.5% ～ 1.0% 的45% 硫酸钾型复混肥水溶液 1 次。

4. 遮阳

芽苗移栽后要及时加盖遮光度为 50% ～ 60% 的遮阳网，直至 10 月方能撤除。温度高于 35 ℃时，中午可采用雾状喷灌降温。

5. 除草

按照"除早、除小、除了"的原则，采用人工除草，清除容器内、床面和步道上的杂草。

（七）2 年生大袋苗培育

1. 移栽时间

春节前后至 4 月底，将 1 年生小苗移植于大袋培育。

2. 育苗袋

无纺布育苗袋，采用规格 15 cm × 18 cm 的立体袋。

3. 育苗基质

在灌溉条件好的圃地可选择泥炭土和菌渣或泥炭土和堆沤过的锯木屑，均按体积比例 3∶1 配制。若圃地缺乏喷灌条件，可用表土或黄心土做基质。

4. 苗木管理

与培育 1 年生小苗管理基本相似，但可稍粗放，无须遮阳。

（八）苗木标准

楠木苗木标准见表 2-5。

表 2-5　楠木苗木标准

苗龄（年）	合格苗				综合控制条件
	I 级苗		II 级苗		
	地径（cm）	苗高（cm）	地径（cm）	苗高（cm）	
1	＞ 0.30	＞ 30	0.25 ～ 0.30	20 ～ 30	苗干通直、单一主干、顶芽健壮、长势旺、木质化好、根系发达、干皮及根系无劈裂损伤、无检疫性病虫害
2	＞ 0.95	＞ 105	0.60 ～ 0.95	65 ～ 105	

六、造林

（一）适生区域及立地选择

楠木主要分布在北纬 23.9° ～ 29.2°，东经 103.6° ～ 120.3°，海拔 200 ～ 1500 m 地带，分布区年降水量为 1000 ～ 1800 mm。其生长所需年平均气温 16.0 ～ 19.1℃，最冷月平均温度 4.0℃以上，极端低温 -9.0 ℃以上，最热月平均温度 29.6 ℃以下，极端高温 44.1 ℃以下。福建、江西、湖南、重庆及浙江南部、安徽南部、湖北西南部、广西中北部、广东中北部、贵州中北部、四川盆地中部和东部地区，为楠木适生区。楠木适生区以南为潜在引种地，适生区以北则为楠木不适宜引种区。

造林立地与杉木相近，杉木立地指数 14 及以上即可。选择土壤为非石灰质母岩发育的酸性至中性的红壤、黄壤和黄红壤，土层厚度大于 40 cm，肥沃疏松、有机质丰富、通透性良好，立地等级为 I 类、II 类。

（二）造林地清理、整地与施基肥

造林地清理采用全面清理或带状清理的方式，以全面清理为最佳。全面清理可选择在秋冬季全面砍伐杂灌，或炼山清理。带状清理仅适合杂灌较稀薄的造林地。按 3 m 带宽，依山体，1.5 m 用于堆放杂草，另外 1.5 m 为干净带，在干净带内挖穴。

穴垦，规格为 50 cm × 50 cm × 30 cm。每穴先放钙镁磷肥 200 ～ 250 g，再回填表土至半穴并进行土肥搅拌，最后回心土至稍高于穴面 2 ～ 3 cm。

根据我们进行的楠木不同整地和抚育方式试验发现：楠木不同整地与抚育方式，幼林生长有差异，全垦整地 + 全铲抚育＞带状整地 + 全铲抚育＞明穴整地 + 扩大穴抚育＞明穴整地 + 全铲抚育。考虑水土流失、造林成本等因素，建议采用"明穴整地 + 扩大穴抚育"的模式造林，成本低，造林效果好，造林成活率100%，保存率98%，2年生树高 2.45 m。

（三）造林密度

株行距为 2 m×3 m 或 3 m×3 m，即密度控制在 1111～1667 株 /hm²。用 2 年生大袋苗造林，可选用 3 m×3 m 造林密度。

（四）造林季节

2～4月，造林季宜早造林。

（五）苗木选择

苗木可选择 2 年生大袋苗或 3 年生容器苗，优先选择 2 年生无纺布大袋苗造林，弃用 1 年生小袋苗造林。根据我们进行的楠木不同苗龄造林试验结果表明，2 年生大袋苗造林，能显著提高幼林生长，较一年生小袋苗造林 2 年后树高、胸径生长量分别提高 30.57% 和 185.11%，降低造林成本约 29.94%。

选择 Ⅰ、Ⅱ 级苗造林，严重窝根、生长势差的苗坚决弃用。苗木规格为苗高 65cm 以上，地径 0.60 cm 以上。

（六）造林模式

造林模式可选择纯林，也可选择与杉木、马尾松或木荷等树种混交造林。株间或行间混交，混交比例为 1：1 或 2：1。推荐与杉木行间混交，2 行杉木，2 行楠木，顺山排列。

间伐杉木、马尾松或阔叶林，或主伐桉树适当保留桉树萌条，采用均匀间伐或天窗模式间伐，保留郁闭度 0.3～0.5。全面清理林地灌草，砍倒并平铺于林地。栽植楠木 750～1200 株 /hm²，均匀分布式造林或斑块式造林。推荐采用斑块式造林，斑块直径 3～4 m，每个斑块内栽植 5～8 株。穴状整地，规格为 60 cm×60 cm×40 cm。

（七）栽植

选择雨后土壤湿润时栽植，栽植前 1 天将苗木淋透。去除塑料质育苗容器，保持土团完整并将苗木置于定植穴内，回土时注意将原土团四周泥土踩实，再盖 1 层 3～5 cm 厚的细土。

若育苗袋为使用期 1～2 年的可自然降解无纺布袋，造林时则无须去袋。对于使用期 3 年以上才能降解的布袋，栽植时需除去育苗袋。

（八）查苗补植

栽植后 1 个月内进行查苗，对成活率低于 90% 的进行补苗。

（九）抚育管理

栽植后 3 年内，每年抚育 2 次。抚育时间安排在楠木生长高峰季节到来之前，即第 1 次抚育在 4 ～ 5 月，第 2 次在 8 月。每年第 1 次抚育为扩穴抚育，第 1 年将栽植穴扩大至 80 cm×80 cm；第 2 年将栽植穴扩大至 100 cm×100 cm；第 3 年将栽植穴扩大至 120 cm×120 cm。

追肥时间为每年 4 ～ 5 月。采用沟施法，在穴边两侧挖深 8 ～ 10 cm 施肥沟，每株施 45% 硫酸钾型复合肥 150 g，施肥后及时回土。

（十）修枝

修枝主要是将树冠下部受光照较少的枝条除掉。修枝要保持树冠相当于树高的 2/3。过多修枝会丧失一部分制造营养物质的树叶，而影响树木生长。修枝季节宜在冬末春初。

七、四旁植树

楠木是较好的四旁景观化珍贵化改造树种。按 4 ～ 6 m 设置株间距，挖适宜的穴栽植楠木；选择容器大苗，要求苗干通直、单一主干、顶芽健壮、长势旺、木质化好、根系发达、干皮及根系无劈裂损伤、无检疫性病虫、苗高 150 cm 以上。

八、间伐与主伐

当林分郁闭度达 0.9 左右时，对被压木、病虫木等进行间伐，移除株数比例约 30%，使林分郁闭度达 0.7。随着林分的生长，当林分郁闭度又达 0.9 时，又要对弯曲木、被压木、多叉木等进行间伐，移除株数比例约 30%，使林分郁闭度达 0.7。

25 ～ 30 年生时进行主伐。主伐后及时进行更新造林。

九、有害生物管理

（一）楠木叶斑病

楠木叶斑病为楠木叶部主要病害，遍布各楠木育苗基地及幼龄林分布区，尤其是新造幼林。楠木叶斑病染病初期受害部位出现红褐色圆形斑点，向外扩展，由许多小病斑块融合成不规则的大斑，最后导致叶片退绿，严重时导致其死亡。楠木叶斑病主要发生在 3 年以下新造林，3 年以后少见发生。楠木叶斑病主要由小孢拟盘多毛孢

（ *Pestalotiopsis microspora* ）、胶孢炭疽菌（ *Colletotrichum gloeosporioides* ）等病原菌引起。

全光照更利于菌株的生长。楠木早期稍耐荫，应避免楠木幼苗栽植在光照较强的地块，或在幼苗栽植过程中加强抚育，促进幼树生长，可减少楠木叶斑病的发生。林下栽植楠木，林内光照较弱，少见楠木叶斑病发生。

（二）楠木溃疡病

楠木溃疡病为楠木常见病害，主要危害幼树。该病是由粉红粘帚霉（ *Clonostachys rosea* ）引发的一种枝干病害。该病易引起染病枝条干枯，严重时甚至会导致整株枯死。

高温高湿以及高郁闭度易于楠木溃疡病发生，故在幼林抚育时应注意通风透气，控制温湿度，能防止病害发生。

十、用途及发展前景

（一）材用

楠木作为我国特有的珍贵用材，具有木材性能好、商业价值高等优点，同时拥有历史文化传承、艺术收藏等价值，是颇受市场欢迎的珍贵用材，也是社会经济发展所必需的一种战略资源。

楠木主要产品为木材，楠木是国内已知能规模栽培的高价值用材树种中木材价格较高的树种。根据对贵州思南、广西百色、广西富川 3 个点的调研，楠木木材销售价在 2.0 万元 /m³ ～ 5.3 万元 /m³。详见表 2-6。

表 2-6　楠木木材价格

产地	销售案例	材积（m³）	金额（元）	单价（元 /m³）
贵州思南	青杠坡镇龙家寨楠木风灾，古树断枝	8.511	410000.00	48172.95
广西百色	岑王老山自然保护盗伐楠木案，鲜材 16 元 /kg，鲜材比重按 1.3 g/cm³ 计	1.000	20800.00	20800.00
广西富川	朝东镇蚌贝村楠木风灾，树木胸径约 40 cm，树高 18 m，整株拍卖	1.010	53000.00	52475.25

楠木与降香黄檀等红木类树种比较，楠木心边材无明显区别，能全材利用。楠木生长快，成材期短，广西富川楠木天然林 50 年平均胸径 40 cm，湖南永州金洞管理区庭院绿化楠木 32 年平均胸径 47.4 cm，都为优质大径材。梁建平等（2015）研究表明，广西南宁良凤江森林公园内的 1 株人工栽培的降香黄檀，46 年胸径仅 21.6 cm，

能用的心材直径仅 10.8 cm。

楠木规格材能制作家具、建筑，树根是优良根雕材料。直径 60 cm 以上楠木树根，售价远高于树干，1 个树根原胚价值人民币 5 万元、10 万元很是常见，广西融水某加工企业一楠木根雕标价 300 万人民币。楠木直径 6 cm 以上尾材、枝丫材及直径 6 cm 以上的根系，常加工成佛珠等工艺品，商品价值极高。楠木木材加工的木屑常作枕芯填充物使用，也可作为药物使用，具有镇静安神、清心祛火、芳香化湿的功效。

（二）药用

自古有楠香宜人的说法，楠木全株含精油，楠木精油有益人体健康。丁文等（2017）研究发现，楠木精油主要成分为沉香螺旋醇、愈创木醇、γ - 桉叶醇等成分，楠木精油对白血病 HL-60 细胞株、肺癌 A-549 细胞株、肝癌 SMMC-7721 细胞株、乳腺癌 MCF-7 细胞株和结肠癌 SW480 细胞株均有显著的抑制作用。楠木精油在医药上有广泛前途。

（三）绿化用

楠木树体高大，树冠浓绿，四季常绿，叶片细小，落叶少，为庭院绿化、道路绿化等的优良树种，目前已大量应用于园林绿化中。广西林业主管部门于 2022 年启动了"城乡绿化'珍贵树种进百城入万村'行动"，将楠木作为最主要的树种在全广西推广。

第二节　红椿

别名： 毛红椿、野椿（广西百色）、毛椿、森木（广西、广东）、赤昨工（海南）、双翅香椿（湖北）、白椿（安徽）
木材商品名： 红椿、野椿
学名： *Toona ciliata* Roem.
科名： 楝科

本书所述红椿，为《中国植物志》所记载的红椿（*Toona ciliata*），也包括毛红椿（*Toona ciliata* var. *pubescens*）、滇红椿（*Toona ciliata* var. *yunnanensis*）、疏花红椿

（*Toona ciliata* var. *sublaxiflora*）等多个变种。《中国植物志》（英文修订版）已将其全部合并为红椿。

红椿，楝科香椿属落叶大乔木，为国家二级保护野生植物。

一、形态特征与分布

（一）形态特征

大乔木，高可达 20 余米。小枝初时被柔毛，渐变无毛，有稀疏的苍白色皮孔。叶为偶数或奇数羽状复叶，长 25～40 cm，通常有小叶 7～8 对；叶柄长约为叶长的 1/4，圆柱形；小叶对生或近对生，纸质，长圆状卵形或披针形，长 8～15 cm，宽 2.5～6 cm，先端尾状渐尖，基部一侧圆形，另一侧楔形，不等边，边全缘，侧脉每边 12～18 条，背面凸起；小叶柄长 5～13 mm；叶无毛或密生灰色短柔毛。圆锥花序顶生，约与叶等长或稍短，被短硬毛或近无毛；花长约 5 mm，具短花梗，长 1～2 mm；花萼短，5 裂，裂片钝，被微柔毛及睫毛；花瓣 5，白色，长圆形，长 4～5 mm，先端钝或具短尖，无毛或被微柔毛，边缘具睫毛；雄蕊 5，约与花瓣等长，花丝被疏柔毛，花药椭圆形；花盘与子房等长，被粗毛；子房密被长硬毛，每室有胚珠 8～10 颗，花柱无毛，柱头盘状，有 5 条细纹。蒴果长椭圆形，木质，干后紫褐色，有苍白色皮孔，长 2～3.5 cm；种子两端具翅，翅扁平，膜质。花期 3～4 月，果期 5～6 月或 10～11 月。

（二）分布

红椿为热带亚热带广布种，中国自然分布于福建、江西、湖南、广东、广西、海南、四川、重庆、云南、西藏、湖北、浙江等地；印度、巴基斯坦、中南半岛、印度尼西亚、澳大利亚及太平洋群岛等亦有自然生长。在泰国、澳大利亚和中南美洲国家，用红椿造林已有多年历史。20 世纪早期，非洲东部、南部、西部的红椿引种和种植也非常广泛，是非洲南部的常见树种。在中国则鲜有大面积造林的报道。

红椿在中国自然分布，北至四川南江（北纬 32.720°）、湖北谷城紫金镇玛瑙观（北纬 32.040°）、安徽泾县汀溪乡（北纬 30.550°），南至海南三亚（北纬 18.400°）、云南勐腊（北纬 21.450°），东至浙江舟山普陀区（东经 122.300°），西至西藏察隅（东经 97.460°）。

红椿自然分布海拔范围较广泛。安徽泾县海拔 220～310 m 处，湖北谷城紫金镇玛瑙观海拔 314 m 处、湖北宣恩肖家湾海拔 1074 m 处，浙江遂昌九龙山自然保护区海拔 600～800 m 处（小片分布于泗州岚、秀才坑等）、广西隆林海拔 400～1500 m 处，云南宾川海拔 1400～1820 m 处，西藏察隅海拔 2700～3300 m 处都有红椿自然生长。

红椿分布范围虽广，但由于长期过度采伐、物种本身对光照的特殊需求、种子成熟季及种子细小而极易失去发芽力等因素，影响天然更新。部分地区的红椿野生资源已近枯竭，野生植株总数不多，尤其分布区的北部、东部地区，都为小片状甚至零星生长。在分布区西南部，红椿野生资源较为丰富。从云南西部的宾川到云南东部的师宗、富宁，广西西南部的隆林、田林、西林以及广西东南部的浦北、博白都有分布。由于天然林保护得当，当地红椿数量相对较多。云南宾川、武定、师宗地处金沙江南岸干热河谷地带，该分布区红椿数量最多，红椿在这些地区的山坡、田间地头、道路、水沟、河两侧成片分布。广西南盘江干热河谷地区的隆林、田林、西林、乐业亦多见红椿成片生长。广西浦北、博白地处桂东南丘陵区，近北部湾，气候湿热，在水沟旁、道路旁、村旁亦见红椿成片生长。

二、生物生态学特性

（一）生物学特性

红椿通常3月上旬萌芽，3月中旬发叶，10月下旬停止生长，11月上旬叶色变黄，逐步落叶。3～4月开花，5～6月或10～11月种子成熟。但是，不同种源、同林分不同植株物候期相差甚远。

1. 叶芽萌发期

多数红椿植株为3月上旬萌发，但云南富宁那能乡红椿12月下旬开始萌发，水肥较好地段嫩芽生长有3～5cm长了；相距不远的广西西林，3月上旬萌芽；广西浦北红椿大约2月底萌芽；湖南大约在4月上旬萌芽。

2. 落叶时间

多数红椿的落叶时间为11月上旬，落叶过冬。然而，在广西隆林平班镇发现，同一林分有的植株是落叶过冬，有的植株是带绿叶过冬，带叶过冬植株至3月中旬短暂落叶后即长出嫩芽、嫩叶。

3. 花期

广东、广西、贵州、四川及云南的红椿花期集中在3～4月，而广东乐昌、江西、福建、浙江、湖南、湖北及安徽的红椿花期为5～6月。

4. 果实成熟期

广东大部、广西、贵州、四川及云南红椿果实成熟期集中在5～6月，而广东乐昌、江西、福建、浙江、湖南、湖北及安徽的果熟期为10～11月。广西东部的容县，

12 月底红椿果实仍显青色。

红椿种子细小，具双翅，果实成熟后 1 周内飞散。传播距离依地形、风力而定。在空旷地，红椿天然更新苗最远在母树树高 3 倍距离，顺风向可稍远，但超出 3 倍树高距离已很少见幼苗。在逆风向、山谷等地，幼苗主要生长在母树下。

红椿根系发达，侧根粗壮。在广西南宁，半年生幼苗常见直径超过 1 cm 的根系，粗度远超过苗木地径。山地造林，2 年生时，地面常见 3 ～ 5 条地面隆起的侧根，最粗侧根直径应与植株地径相当。这些都说明，育苗时需选用疏松基质，造林时需采用大穴整地，才能促进根系生长，有益于树木生长。

（二）生态学特性

1. 温度

红椿分布范围广，对气候适应性强。安徽泾县年平均气温 16.0 ℃，最冷月平均温度 3.4 ℃，极端低温 –14.5 ℃，在汀溪乡大坑村小坑屯海拔 310 m 处、汀溪乡大坑村桃岭屯海拔 550 m 处有小片自然生长的红椿林；湖北谷城年平均气温 15.8 ℃，极端低温 –19.7 ℃，在紫金镇玛瑙观村有小片的天然红椿林。海南三亚年平均气温 25.4 ℃，最热月平均温度 28.5 ℃，极端高温 35.9 ℃，当地次生林中生长有红椿；广西隆林年平均气温 19.1 ℃，最冷月平均气温 9.8 ℃，极端低温 –3.1 ℃，最热月平均温度 25.5 ℃，极端高温 39.9 ℃，平班镇有面积约 10 hm² 的以红椿占绝对优势的红椿天然林。详见表 2–7。

李培等（2015）利用广西、云南、湖南、广东多个种源红椿培育的苗木在湖南汨罗桃林林场营造试验林，当地年平均气温 16.9 ℃，最冷月平均气温 4.4 ℃，极端低温 –13.4 ℃。结果表明，云南、贵州、广西及广东云浮等西南部种源，冬季易受冻害，发生枯梢断顶现象，严重影响生长，且保存率低。我们调查中发现，广西隆林海拔 400 ～ 1500 m 均有红椿自然生长，海拔 1400 m 处冬季有冰雪，偶有大雪封山，但在该海拔区村屯周边常见红椿大树。

2. 水分

红椿喜水湿环境。红椿在中国自然分布区的东部及南部为北热带气候湿润区，降水丰富，如广西浦北、博白，位于六万大山南侧，平均年降水量 1763 mm，红椿野生植株最为常见，村边、路旁、沟边、山谷、山坡疏林中，都有红椿生长，且生长快。我们见有 1 株野生红椿，18 年胸径 68 cm，平均年生长量 3.78 cm。

红椿亦极耐干旱。云南元谋，地处滇中高原北部，受干热季风气候影响，年平均气温 21.9 ℃，极端高温 42 ℃，年平均降水量 613.8 mm，最少 287.4 mm（1960 年），年蒸发量为降水量的 6.4 倍，年平均相对湿度为 53%，红椿为当地主要用材。

表 2-7　红椿自然生长地气候条件

产地	经度	纬度	海拔（m）	年均温（℃）	最热月均温（℃）	极端最高气温（℃）	最冷月均温（℃）	极端最低气温（℃）	年降水量（mm）
安徽泾县	118.616° E	30.550° N	550	16.0	27.8	41.2	3.4	−14.5	1552.0
湖北谷城	111 270° E	32 020° N	314	15.8	28.0	41.4	2.5	−19.7	962.0
海南三亚	109.753° E	18.400° N	10	25.4	28.5	35.9	21.6	5.1	1826.5
广西隆林	105.475° E	24.749° N	400	19.1	25.5	39.9	9.8	−3.1	1157.9
广西浦北	109.571° E	22.273° N	80	21.5	28.0	38.0	12.9	−1.9	1763.0

3. 光照

红椿属阳性树种，喜光，在路旁、村屯旁、林间等空地或疏林下，特别是火烧迹地或退耕地，天然下种更新效果好，但在密林下或庇荫地更新较为困难。王瑞文等（2017）研究了不同光照时间对红椿种子活力特性的影响，发现光照 16 小时的条件下红椿种子发芽率、发芽势、活力指数、苗高显著高于其他光照处理条件。梁俊林等（2019）研究了遮阳处理（50% 和 80% 遮阴率）与无遮阳对照条件，探讨了红椿形态和生理的响应情况，发现由于遮阳降低了光合有效辐射，增加了气孔阻力，进而影响了蒸腾速率，遮阳显著降低了红椿幼苗的净光合速率。

4. 土壤

红椿对土壤适应性较强，耐盐、耐干旱和水湿，从亚热带东部常年湿润地区到西部干湿季明显的地区都有分布。其对土壤适应幅度宽，在砖红壤、赤红壤、红壤、燥红壤、黄壤、黄棕壤、紫色土、石灰性土壤和滨海轻盐渍土等各类土壤都能正常生长。在广西乐业南盘江畔、干热河谷地、喀斯特石灰岩山地、石灰岩缝隙中有红椿生长，是当地石灰岩植被中最大的乔木树种，红椿树冠突出于林冠层，很是显目。

5. 群落

红椿是强阳性树种，红椿所处群落具有明显次生性，多为耕地撂荒后红椿飞子成林，故混生树种亦以落叶阳性树种为主，并逐步向常绿落叶阔叶林演替。红椿天然林群落，不同气候带，不同演替阶段，混生树种不同。江西龙南九连山自然保护区红椿天然群落，主要混生树种有秀丽锥（Castanopsis jucunda）、楠木、华南桂（Cinnamomum austrosinense）、细枝栲、米槠（Castanopsis carlesii）、拟赤杨、刨花润楠、青冈等。云南南部，红椿天然林群落以西南木荷（Schima wallichii）、合果木（Paramichelia baillonii）、红锥、黄牛木（Cratoaylum cochinchinense）、高山榕（Ficus altissima）、马蹄荷（*Exbucklandia populnea*）、细青皮（*Altingia excelsa*）等混生。广西百色红椿天然林，混生树种以西南木荷、南酸枣、木棉（*Bombax ceiba*）、山槐（*Albizia kalkora*）、青冈、枫香树等为主。云南富宁，杉木人工林中常见红椿野生植株。

（三）生长规律

1. 苗期生长规律

李培等（2017）对广东广州天河区红椿苗期生长节律进行研究后发现，红椿苗高和地径生长情况均呈现"慢—快—慢"的生长趋势，生长曲线为典型的S形曲线。苗高生长速生阶段，主要集中在7～8月，9月下旬至10月上旬红椿苗高生长趋于缓和，生长量并不明显；而地径生长经过4～5月的缓慢生长后，6月初开始地径生长速率明显加快，并持续到10月中下旬。

广西红椿造林，普遍采用半年苗，6月下旬种子成熟，7月上旬播种，9月上旬苗高约4 cm时移植上袋，12月下旬苗高约40 cm可出圃造林。

2. 林分生长规律

李艳等（2015）对湖南汨罗桃林林场不同种源红椿2年生林分的生长节律进行研究，发现4～6月为红椿树高持续快速增长期，4～5月树高平均净生长量为0.66 m，占全年树高生长量的41%。6月份树高平均净生长量为0.57 m，占全年树高生长量的36.0%。7月份为短暂的生长缓慢期，平均净生长量为0.11 m，占全年树高生长量的6.8%。8月份树高生长量较7月份有所增加，平均净生长量为0.16 m，占全年树高生长量的10.0%。随后，9～10月份树高生长逐渐减缓，平均净生长量为0.1 m，仅占全年树高生长量的6.2%。红椿地径生长，6月份红椿地径快速生长，平均净生长量为0.67 cm，占全年地径生长量的35.0%。7月份地径生长逐渐减缓，平均净生长量为0.38 cm，占全年地径生长量的20.0%。随后，8月份地径生长量再次下降，平均净生长量仅为0.3 cm，占全年地径生长量的16.0%。9月份地径生长量略微增加，平均净生长量为0.37 cm，占全年地径生长量的19.0%。10月份地径生长量最低，平均净生长量仅为0.2 cm，占全年地径生长量的10.0%。

龙汉利等（2011）对四川盆周山地红椿进行解析木分析后发现，当地红椿的树高在前5年生长最快，年均生长量为1.48 m，5～10年年均生长量为0.83 m，10～15年年均生长量为0.61 m，15～20年年均生长量为0.33 m，15年后明显减缓，树高达20 m后生长极为缓慢。胸径生长前5年生长最快，年均生长量为1.46 cm，5～10年年均生长量为1.13 cm，10年后胸径增长缓慢，10～15年年均生长量为1.04 cm，15～20年年均生长量为0.92 cm，20～25年年均生长量为0.89 cm。材积生长在前5年材积年均生长量为0.00515 m³，5～10年年均生长量为0.01211 m³，10～15年年均生长量为 0.02060 m³，5 ～ 20 年年均生长量为 0.02611 m³，20 ～ 25 年年均生长量为 0.03357 m³，25 年达到材积数量成熟。

云南省林业科学研究所（1977）在云南西畴小桥沟进行的红椿析木研究表明，树高在前 12 年生长最快，年均高长生量为 1.50 m，12 年后明显减缓。胸径生长，持续增长，至 30 年时仍保持连年生长量 1.50 cm 的生长速度。材积生长，持续增加，到 30 年时连年生长量仍远超过年平均生长量，即 30 年时仍未达到材积数量成熟。

表 2-8　红椿生长过程

年龄（年）	树高（m）			胸径（cm）			材积（m³）			形数
	总生长量	平均生长量	连年生长量	总生长量	平均生长量	连年生长量	总生长量	平均生长量	连年生长量	
2	4.3	2.20	2.2	2.9	1.5	1.5	0.0020	0.0010	0.0010	0.71
4	5.6	1.40	0.7	6.0	1.5	1.6	0.0109	0.0027	0.0045	0.43
6	7.6	1.30	1.0	9.7	1.6	1.8	0.0309	0.0051	0.0010	0.55
8	11.6	1.50	2.0	12.0	1.5	1.2	0.0588	0.0074	0.0140	0.45
10	13.6	1.40	1.0	15..3	1.5	1.7	0.1097	0.0109	0.0254	0.45
12	17.6	1.50	2.0	17.8	1.5	1.3	0.1651	0.0137	0.0277	0.38
14	18.6	1.30	0.5	20.4	1.5	1.3	0.2358	0.0171	0.0354	0.40
16	19.6	1.20	0.5	22.4	1.4	1.0	0.3437	0.0215	0.0516	0.45
18	21.6	1.20	1.0	26.1	1.5	1.9	0.4888	0.0271	0.0725	0.42
20	22.9	1.10	0.7	30.2	1.5	2.1	0.6929	0.0346	0.1020	0.42
22	24.3	1.10	0.7	31.6	1.4	0.7	0.8198	0.0373	0.0635	0.43
24	25.6	1.10	0.7	34.6	1.4	1.5	1.0152	0.0423	0.0977	0.42
26	26.7	1.10	0.6	37.7	1.5	1.6	1.2442	0.0479	0.1145	0.42
28	26.9	0.96	0.1	41.0	1.5	1.7	1.5051	0.0537	0.1305	0.42
30	27.2	0.91	0.2	44.0	1.5	1.5	1.7796	0.0593	0.1372	0.44
30（带皮）	27.2	—	—	45.8	—	—	1.9606	—	—	0.43

注：产地为云南西畴小桥沟。

资料来源：云南省林业科学研究所 . 红椿［J］. 云南林业科技通讯，1977（4）：43-49.

三、良种资源

红椿种内变异十分丰富，为不争事实。红椿原来有多个变种，包括原变种红椿、毛红椿、滇红椿、疏花红椿、小果红椿等，近年研究发现各变种分类特征不稳定，在植物分类学上都已被归并，都称红椿。如以叶片被毛特征为分类依据的红椿和毛红椿，性状不稳定，同一植株部分叶片有毛，部分叶片光亮无毛。调查中我们发现，红椿种子有 6 月成熟，有 12 月成熟，也有 2～3 月成熟；叶片有 11 月落叶后越冬，也有带老叶越冬至翌年 3 月落叶，甚至同一林分中都会出现 2 种落叶类型。

红椿木材材性亦有很大差异。广西玉林、钦州生长的红椿木材密度较低，约 0.4 g/cm³，且树干极易受虫蛀。我们考查了当地多个自然生长的红椿群落、多个木材加工厂，发现红椿树干虫蛀严重，木板虫眼极多，木材密度也低。红椿生长 10 余年能成大材，木材呈淡红色至赭红色，结实多。当地称红椿为"森木"，即棺材木，红椿木材用于制作棺木，寓意多子多福，后代生活红红火火。

我们在广西百色，云南玉溪、文山考查时，发现当地红椿树干少有虫蛀，也极耐菌腐，即使直径 100 cm 的大树，也未见虫蛀，丢弃于林地内 2～3 年亦不腐烂，当地群众喜用红椿木材建房、家具及室内装修，也有作棺木。还发现村民丢弃于路边用红椿木材雕琢的臼的毛胚，说明红椿木材密度较大，材性相当稳定。湖南生长的红椿密度低，少有利用。

有研究表明，红椿木材密度范围在 0.2804～0.5346 g/cm³，均值为 0.4222 g/cm³，我国西南及华南地区红椿种源木材密度较华中及华东地区大，木材更优良，加工利用价值更大。

李培等（2017）进行了 8 个省 23 个种源育苗试验后，发现 1 年生苗高总平均值为 67.62 cm，贵州兴义，云南保山隆阳、永仁，广西隆林种源生长最快，苗高超过 90 cm，而湖北宣恩、江西宜丰、安徽黄山种源生长最慢，苗高不足 30 cm；地径总平均值为 20.15 mm，云南景洪，广西隆林、西林、田林等地种源的地径大于 25 mm，而湖北宣恩、安徽黄山、湖南城步等种源的地径不足 10 mm。总体生长规律为我国西南地区种源生长较快，中东部地区生长较为缓慢。不同种源红椿苗期生长性状的地理变异受纬度和经度双重控制，但受经度控制为主，变异趋势为采种点由东到西，苗高、地径、冠幅生长变快。

李培（2015）在广西东门林场、广东增城、湖南桃源进行了红椿不同种源造林试验，发现树高及树径生长趋势为西南部种源比北部种源生长要迅速。但是西南种源在湖南桃源冬季会出现枯梢，生长以华东及华中种源为好。

四、采种

（一）种源选择

红椿采种，应依据造林地气候，选择相应区域红椿种源采种。南亚热带、北热带及热带地区，选择西南部地区种源。中亚热带地区，选择中亚热带种源母树采种。

（二）采种林分选择

采种选择人工种子园，若未建立种子园，可选择适应当地气候条件的采种区内选择优良天然林采种，不可在人工林内采种。红椿单株结实量最多可达 5 kg，可育苗 20 万株。人工林种子极大可能为近亲交配，近亲结实，产生严重衰退。

（三）采种母树选择

红椿遗传变异存在"种源—群落（林分）—家系—个体"多层变异，采种需选择优良单株进行。我们在对广西红椿家系育苗造林试验时，亦发现红椿家系间生长、分枝特性差异明显。选择生长快、树干通直、分枝细、树冠小的母树采种。严禁在散生木、孤立木上采种。

（四）种子收集与处理

不同地方的红椿采种时间不同。广西西南部、云南采种时间为 5～6 月，湖南、江西、福建等地采种时间为 10～11 月。采集果实为褐色且尚未开裂的蒴果。高大乔木，成年大树约为 20 m，树干通直，枝下高较高，攀爬难度极大。红椿种子较轻，两端具翅，果实成熟时一旦开裂，轻微触动都会导致种子随风飘落，晃动较大时甚至会形成种子雨，种子完全脱离飘散。采种时，一定要选择并未完全成熟的蒴果，采回的果实及时晾晒，待蒴果自然开裂后抖落种子，筛选收集储存。短期内使用的种子可在 1 ℃下进行密封保存，若进行种质保存，必须在 –4 ℃下进行，5 年内室内发芽率可保持在 97%，以后逐渐下降。

五、育苗

（一）圃地选择

红椿为强阳性树种，圃地宜选择日照充足、排灌方便及交通运输方便的地块。

（二）播种时间

播种时间，根据种子来源及造林地气候，选用不同的播种时间。广东、广西、海南、云南、四川南部、贵州东南部，建议采用即采即播，即夏季播种；而中亚热带及以北地区，应采用春季播种，即 4～5 月份播种。

（三）芽苗培育

种子用常温清水浸泡 24 小时后，再用 0.3% 高锰酸钾溶液浸泡 30 分钟，用流水冲洗 5～10 分钟后沥干水分。播种于椰糠床催芽。根据发芽率，确定播种量，每托控制出苗量约 150 株为宜。播种后，盖塑料膜防止雨水冲刷种子，保持四周通风，防止高温灼伤幼苗。经常检查湿度，保持催芽床湿润即可。夏季，通常播后 3 天种子开始发芽，约 10 天种子发芽结束。保持苗床湿润，约 40 天芽苗半木质化，苗高 4～5 cm 即可移植于育苗袋培育。

（四）育苗袋

采用（12～14）cm×（14～18）cm 规格的立体无纺布袋容器。

（五）基质

将黄心土、腐熟的菌渣、打碎的树皮按体积比 7∶2∶2 的比例充分混匀，配成轻土营养基质。或者用泥炭土、椰糠（或谷壳、锯木屑、树皮）按体积比 7∶3 的比例充分混匀配成轻土型营养基质。苗木移栽前 1 天，用 0.5% 高锰酸钾溶液淋透基质后覆盖干净薄膜，移植时再掀去薄膜。

（六）袋苗培育

芽苗长至 4～5 cm 时可进行移植。在容器杯中间打一个小洞，将芽苗栽入其中，轻压根部，淋透定根水。移植后覆盖遮光度为 80% 的遮阳网。夏季移苗，移植 10 天后视苗木木质化程度逐渐撤除遮阳网；春季移苗，移植 3 天后视苗木木质化程度去除遮阳网。视基质干湿程度，早晚淋水。

幼苗移栽后 15～90 天，每月淋施 2 次 0.1%～0.3% 复混肥水液。3 个月后，每月淋施 2 次 0.3%～0.5% 复混肥水液。施肥后 30 分钟内用清水冲洗叶片。12 月中旬至 1 月下旬期间停施复混肥。

（七）苗木出圃

苗木出圃前 1 个月，对容器杯进行移动，断根、炼苗并分级。苗木移动前 1 天，淋透水。移动后保持基质湿润，早晚各淋水 1 次。

（八）苗木标准

红椿苗木标准见表 2-9。

表 2-9 红椿苗木标准

苗龄（年）	合格苗				综合控制条件
	I 级苗		II 级苗		
	地径（cm）	苗高（cm）	地径（cm）	苗高（cm）	
0.5	> 0.40	> 35	0.30 ~ 0.40	25 ~ 35	苗干通直、单一主干、顶芽健壮、长势旺、木质化好、根系发达、干皮及根系无劈裂损伤、无检疫性病虫害
1	> 0.80	> 80	0.60 ~ 0.80	60 ~ 80	

六、造林

（一）适生区域及立地选择

红椿适应性强，几乎南方所有地区都适合红椿生长。

（二）造林地清理、整地与施基肥

造林地清理采用全面清理或带状清理的方式，以全面清理为最佳。全面清理可选择在秋冬季全面砍伐杂灌，或炼山清理。带状清理仅适合杂灌较稀薄的造林地。按 3 m 带宽，依山体，1.5 m 用于堆放杂草，另外 1.5 m 为干净带，在干净带内挖穴。

穴垦，规格为 50 cm × 50 cm × 30 cm。每穴先放钙镁磷肥 200 ~ 250 g，再回填表土至半穴并进行土肥搅拌，最后回心土至稍高于穴面 2 ~ 3 cm。

（三）造林密度

株行距为（2 ~ 3）m ×（3 ~ 4）m，即 833 ~ 1667 株 /hm²。

（四）造林季节

2 ~ 4 月或雨季，造林季宜早造林。

（五）苗木选择

选择合格苗造林，要求干粗、顶芽饱满、根系完整的苗木。严禁选用根系黑的老化苗木上山造林。

（六）造林模式

红椿虫害相对较多，不宜营造纯林。营造混交林有利于红椿健康生长，可选择与杉木、马尾松、赤皮青冈、黄连木、青冈等树种混交。红椿树高和树冠较大，会对相邻树木产生一定的挤压作用。建议在混交方式上选用带状混交，且红椿比例宜小，树种交界行距要大，同时应适时修枝、间伐调整林分结构。

（七）栽植

选择雨后土壤湿润时栽植，栽植前 1 天将苗木淋透。去除塑料质育苗容器，保持土团完整并将苗木置于定植穴内，回土将原土团四周泥土踩实，再盖 1 层 3 ~ 5 cm 厚的细土。

若育苗袋是使用期 1 ~ 2 年的可自然降解无纺布袋，造林时则无须去袋。对于使用期 3 年以上才能降解的布袋，则栽植时需除去育苗袋。若苗木过高，可采用截干造林，可在根茎之上 5 cm 处进行截干，定植 6 个月后苗木萌条高度在 70 cm 左右，选 1 株健壮株留下继续培育，抹去其余萌芽条。

（八）抚育管理

种植后应及时检查，清除死苗、缺苗或弱苗，及时进行补植，以确保林相整齐。林分 1 ~ 3 年生期间，每年的 5 月和 8 月进行全面铲草抚育、块状扩穴培土。结合抚育，每年施追肥 1 次，每次施复混肥 1 kg，立地条件较好的林地可适量减少施肥量。

七、四旁植树

红椿是较好的四旁景观化珍贵化改造树种。按 4 ~ 6 m 设置株间距，挖适宜的穴栽植红椿；选择容器大苗，要求苗木苗干通直、单一主干、顶芽健壮、长势旺、木质化好、根系发达、干皮及根系无劈裂损伤、无检疫性病虫、苗高 40 cm 以上。

八、主伐

红椿速生，无需间伐。主伐年龄，依造林地区而定，华南及西南地区通常 15 年胸径可达到 30 cm，华南及华东地区，生长稍慢，主伐年龄一般 30 年生时进行。

九、有害生物管理

（一）苗圃病虫害

育苗初期，小苗容易受到金龟子（*Scarabaeidae* spp.）、油桐尺蛾（*Buzura suppressaria*）等食叶害虫影响，可用 90% 敌百虫或敌杀死进行防治。育苗后期，叶片上可能会出现类似于寄蜗的幼虫，需及时进行药物喷洒，否则该幼虫会使叶片卷曲变形，影响正常的光合代谢活动，从而导致植物生长缓慢，延缓育苗进度。

（二）林地病虫害防治

为害红椿的主要害虫是麻楝蛀斑螟（*Hypsipyla robusta*），蛀食幼树嫩茎，常造成造林失败。可用噻虫嗪、吡虫啉或氯虫苯甲酰胺粉剂，结合施肥施入苗木根部。也可单独施用，每株施约 5 g，盖薄土，防雨水冲刷即可，连续用药 3 年，树高达 8 m 高时可停止用药。

十、用途及发展前景

红椿享有"中国桃花心木"之美誉，其木材色红，木纹美丽，耐腐性较好，西南部种源木材气干密度约为 0.58 g/cm³。木材易加工，主要用于建筑、高档家具、高档装饰装潢，广西百色最喜用红椿木材加工楼梯扶手，具有很高的经济价值和发展前景。广西西林红椿木材市场价约为 3000 元 /m³，虽然野生植株为国家二级保护野生植物，但当地仍有盗伐者以身试法。我们考查广西百色、云南玉溪红椿木材加工厂，发现红椿生长极快，查核原木生长年轮，发现径粗年生长量在 2～3 cm，15 年左右采伐。

红椿因木材红色，颜色喜庆，在古代被视为一种灵木，传说能吸纳天地之灵气，是兴家旺业的祥物，常被称为"平安树""吉祥树""发财树"，自古以来具有"日子红火，安康吉祥"的寓意，我国南方部分地区婚嫁都会用到红椿木，所以又叫"百年好合木"。此外，红椿在古代还象征着长寿之意，《庄子》逍遥游中用"上古有大椿者，以八千岁为春，八千岁为秋"来寓意长寿，宋代常有诗词用"灵椿、椿龄，椿寿"为祝词，祝福男性长辈长寿多福。

第三节　香合欢

别名：黑格（海南、广东）、牛角森（广西凭祥）、铁夜蒿（广西、贵州、云南、四川）、黑心树（云南）

木材商品名：土格木、铁夜蒿、热带金丝楠、硬合欢

学名：*Albizia odoratissima*（L. f.）Benth.

科名：豆科

本书所述香合欢，为《中国植物志》（英文修订版）所记载的香合欢（*Albizia odoratissima*）。香合欢，含羞草科合欢属落叶乔木。香合欢树种名称在林业界少有人提及，亦少有研究。树种也常被别的名称所取代，有时其木材名称在学术资料中也难于查找，很是奇妙。在广西百色木材及家具市场，香合欢被称作"土格木"，或许因

其木材材性与格木相近，但乡土气味更浓。在广西凭祥红木市场，香合欢家具常被称作紫檀家具。在云南西双版纳，香合欢木材常被称作热带金丝楠。在海南多地，香合欢常被称作黄豆树（*Albizia procera*）。

香合欢木材以其木材色深，坚硬，纹理致密，不裂不翘，不易变形，虫不蛀、菌不腐，在中国西南地区民间被广泛利用。

一、形态特征与分布

（一）形态特征

半常绿大乔木，高约 15 m，无刺；小枝初被柔毛。二回羽状复叶；总叶柄近基部和叶轴的顶部 1 ～ 2 对羽片间各有腺体 1 枚；羽片 2 ～ 6 对；小叶 6 ～ 14 对，纸质，长圆形，长 2 ～ 3 cm，宽 7 ～ 14 mm，先端钝，有时有小尖头，基部斜截形，两面稍被贴生、稀疏短柔毛，中脉偏于上缘，无柄。头状花序排成顶生、疏散的圆锥花序，被锈色短柔毛；花无梗，淡黄色，有香味；花萼杯状，长不及 1 mm，与花冠同被锈色短柔毛；花冠长约 5 mm，裂片披针形；子房被锈色茸毛。荚果长圆形，长 10 ～ 18 cm，宽 2 ～ 4 cm，扁平，嫩荚密被极短的柔毛，成熟时变稀疏；种子 6 ～ 12 颗。花期 4 ～ 7 月；果期 6 ～ 10 月。

在海南，香合欢常与黄豆树混淆。黄豆树小叶中脉偏下，叶近革质，果荚窄，宽仅 1.2 ～ 2.0 cm，呈条形，而显著区别于香合欢。在广西各地，香合欢常与山槐混生，也易混淆。山槐树干有明显横条状凸起，小叶片 5 ～ 16 对，易于区别。

（二）分布

香合欢分布于海南、广东、广西、云南、贵州、四川；印度、缅甸、老挝、越南、马来西亚亦有分布。在缅甸，香合欢已有规模造林，并出口木材到中国国内。中国则鲜有大面积造林的报道，近年广西尝试了规模造林。

香合欢在中国分布北至广西天峨下老乡（北纬 25.166°）、贵州罗甸红水河镇（北纬 25.161°）、四川米易沙坝乡（北纬 26.958°），南至海南三亚吉阳区（北纬 18.226°）、云南勐腊（北纬 21.141°），东至广东博罗（东经 114.289°），西至云南盈江（东经 97.932°）。

香合欢自然分布海拔范围相对较窄，在广东博罗、高州、徐闻、茂名、阳江、肇庆等地的低海拔疏林中，香合欢为常见植物。在海南，香合欢主要生长在西部、西南部和东南部海拔 400 m 以下的低丘、台地和平原地区，常见散生于热带半落叶季雨林和稀树草原生态类型区。在贵州，香合欢仅生长于南盘江的翁安、安龙、册享、望谟、罗甸、兴义海拔 700 m 以下的谷地。在四川，香合欢分布于川西南会理、米易及攀枝花海拔 700～1700 m 的地区。在云南中部及南部，香合欢生于海拔 1700 m 以下的河谷、沟箐、丘陵以及山地中下部的次生疏林中。在广西凭祥，香合欢常见生长于海拔 600 m 以下低山地；在广西乐业，香合欢生于海拔 800 m 以下的河谷、沟箐。

二、生物生态学特性

（一）生物学特性

香合欢为落叶树种，冬季水热条件较好时，表现为常绿，约 3 月中旬短暂换叶。而在半干地区，则表现为落叶树种，1 月落叶，3 月下旬新叶长出。通常于 3 月上旬萌芽，3 月中旬发叶，11 月下旬停止生长，12 月下旬叶色变黄。4～5 月开花，翌年 1 月种子成熟。但是，不同年度物候期相差甚远。香合欢种子多数在 1 月成熟，2 月上旬果荚开裂，种子自然脱落。2022 年 1～2 月，广西遇特别低温和多雨，果荚到 3 月上旬尚未变色。

香合欢树皮厚，具有较强的耐旱、耐火烧和萌芽力强的特点。块状根系发达，在苗圃、野外石缝中，常见根系膨大，为典型的耐旱特性。具根瘤，有良好的固氮能力。结实量大，发芽率高，生命力强，天然更新能力强，如有较好光照条件，母树周边幼苗、幼树较多。

香合欢速生。中国林科院热带林业研究所尖峰岭树木园天然生长的香合欢，14 年生树高 8.10 m，胸径 18.40 cm，年平均高生长 0.58 m，年平均胸径生长 1.30 cm。广西凭祥海拔 500 m 沟谷次生杂木林中，天然生长香合欢 28 年生树高 18.00 m，胸径 22.80 cm，材积 0.35 m³。广西田林采用择伐方式经营香合欢林，当地村民反映，天然生长香合欢约 15 年可采伐，胸径可达到 30.00 cm。香合欢人工培育，能加速生长。采用大袋育苗，1 年生苗高可达 2 m。广西林科院在南宁人工造林，3 年生树高 12.80 m，胸径 15.30 cm。

（二）生态学特性

1. 温度

香合欢主要分布于热带、北热带地区及亚热带干热河谷地，喜高温，惧重霜。分布区北部的四川米易海拔 1100 m，年平均气温 19.7 ℃，最冷月平均温度 11.7 ℃，极端低温 –2.4 ℃，最热月平均温度 25.2 ℃，极端高温 41.2 ℃，当地海拔 1700 m 以下，香合欢为常见种。分布区南部的海南三亚年平均气温 25.4 ℃，最热月平均温度 28.5 ℃，极端高温 35.9 ℃，当地的海边到山地，常见以香合欢为优势种的次生林。详见表 2–10。

表 2-10 　香合欢自然生长地气候条件

产地	经度	纬度	海拔（m）	年均温（℃）	最热月均温（℃）	极端最高气温（℃）	最冷月均温（℃）	极端最低气温（℃）	年降水量（mm）
贵州罗甸	106.632° E	25.161° N	600	20.0	26.8	38.6	10.2	−1.6	1334.0
云南勐腊	101.563° E	21.141° N	800	22.1	29.9	41.1	18.1	8.0	1486.5
云南盈江	97.932° E	24.695° N	1200	19.3	24.4	33.2	12.9	3.2	1464.0
海南三亚	109.753° E	18.400° N	10	25.4	28.5	35.9	21.6	5.1	1826.5
四川米易	102.141° E	26.958° N	1100	19.7	25.2	41.2	11.7	−2.4	1094.2
广东博罗	114.289° E	23.271° N	100	22.1	28.4	35.1	12.8	3.1	1932.7

在广西乐业雅长乡果麻村海拔 800 m 以下地区，有香合欢为优势种的次生林，800 m 以上未见香合欢。海拔 800 m 是当地的霜冻和冰雪线。引种至广西融水县城附近后，当地海拔约 100 m，年平均气温 17.9 ℃，最冷月平均温度 9.1 ℃，极端低温 −3.0 ℃，受辐射霜冻害，香合欢嫩芽冻死，局部地段全株冻死。

2. 水分

香合欢喜湿润环境，具一定耐水湿能力。自然条件下，季节性积水小的洼地、山坡下部常见香合欢生长，但流水沟中未见生长。人工育苗，水肥较好时，1 年生苗高可达 2 m。圃地地面积水时会严重限制其生长，但不致死。香合欢亦极耐旱，在海南西部稀树草原植被地、广西西部南盘江干河谷区、四川攀枝花干热河谷稀树草原地、云南中部元江干热河谷地，旱季气候异常干热，香合欢在山坡坡地、山顶，甚至石缝中都能天然更新，常破石而生，长成高大乔木。

3. 光照

香合欢属阳性树种，在路旁、村屯旁、山脊、陡坡及平地、新垦耕地旁、林间空地或疏林下，特别是在火烧迹地或退耕地，天然下种更新效果好，但在密林下或庇荫地更新较为困难。郁闭度较大的密林中，香合欢树干通直，枝下高达 10 m 以上，生势旺盛，被压于下层的幼树则生长较弱。

4. 土壤

香合欢对土壤要求极宽泛，酸性砖红壤、赤红壤、红壤及燥红壤上生长最为常见。近年，我们在贵州望谟，广西那坡、马山喀斯特石灰岩灌丛中亦发现零星生长的香合欢，这类土壤属棕色石灰土。香合欢稍耐盐碱，在海南三亚海边山坡次生林中，香合欢常为群落主要建群种。

5. 风力

香合欢枝干稀疏、柔软，极抗风。在台风常发的海南三亚、东方，广东徐闻海岸边，常见香合欢生长。这些地区夏季台风常发，偶有 12 级台风，但香合欢生长好。广西采用香合欢云南西部种源造林，冠幅大，枝叶多，树干常倒伏。

6. 群落

香合欢为热带雨林、半落叶季雨林，热带与亚热带稀树草原，干热河谷灌丛中的常见种，局部地段形成优势种。在海南东方、乐东盆地边缘山麓，香合欢常与海南榄仁（*Terminalia nigrovenulosa*）、黄豆树、厚皮树（*Lannea coromandelica*）、余甘子（*Phyllanthus emblica*）、小花五桠果（*Dillenia pentagyna*）等混生，形成热带季雨林。在海南热带雨林中，香合欢常与海南榄仁、翻白叶树（*Pterospermum heterophyllum*）、秀丽锥等混生。在海南环岛的海岸地区及广东雷州半岛的海岸地区，香合欢常与细基丸（*Polyalthia cerasoides*）、苦楝（*Melia azedarach*）、刺桐（*Erythrina variegata*）等混生，香合欢为当地常见种，局部地段为群落优势种。在云南元江中游及其支流一带海拔 400～800 m 干热河谷地区，香合欢常与白头树（*Garuga forrestii*）、心叶蚬木（*Burretiodendron esquirolii*）、毛叶猫尾木（*Markhamia stipulata* var. *kerrii*）、火绳树（*Eriolaena spectabilis*）、余甘子等混生，形成干热河谷次生季雨林。在广西右江上游的田林、右江区，香合欢常与西南木荷、楹树（*Albizia chinensis*）、山槐、西南桦等混生。在广西凭祥，香合欢常与枫香树、山槐、羽叶楸（*Stereospermum colais*）、西南木荷、鹅掌柴（*Schefflera heptaphylla*）、山乌桕（*Triadica cochinchinensis*）等混生。在四川攀枝花干热河谷地区，香合欢在稀树草原群落中为优势种，显得特别突出。

（三）生长规律

1. 苗期生长规律

香合欢幼苗苗高和地径生长均呈"慢—快—慢"趋势，符合典型的 S 形生长曲线，苗高生长高峰期均在 7～8 月，9 月上旬生长趋于缓慢。地径出现 2 次生长高峰期，分别在 7 月和 9 月。

2. 林分生长规律

广西乐业雅长乡果麻村 54 年生香合欢天然林解析木。胸径平均生长量在 1～35 年随树龄增加而增长，35 年后逐渐下降。胸径连年生长量在 1～20 年较高，第 20 年出现第 1 个峰值，第 35 年出现第 2 个峰值。平均生长量与连年生长量相交于第 40 年。树高平均生长量和连年生长量均在 1～15 年较高，均在第 15 年出现第 1 个峰值；15～35 年间，两者出现 3 处相交；与平均生长量相比，连年生长量波动较大。30 年后，平均生长量持续下降。单株材积平均生长量随树龄增加而增长，其增长速度始终低于连年生长量；连年生长量在 1～15 年增长缓慢，15～35 年随树龄增加而快速增长，35～45 年增长速度减缓，45 年后趋于稳定。

表 2-11　54 年生香合欢生长过程

年龄（年）	树高（m）			胸径（cm）			材积（m³）		
	总生长量	平均生长量	连年生长量	总生长量	平均生长量	连年生长量	总生长量	平均生长量	连年生长量
5	1.80	0.36	0.36	1.30	0.26	0.26	—	—	—
10	4.20	0.42	0.48	4.40	0.44	0.62	0.0038	0.00038	0.00038
15	6.75	0.45	0.51	8.50	0.57	0.82	0.0169	0.00113	0.00262
20	8.80	0.44	0.41	12.90	0.65	0.88	0.0445	0.00223	0.00552
25	11.50	0.46	0.54	17.20	0.69	0.86	0.0935	0.00374	0.00980
30	15.60	0.52	0.82	21.40	0.71	0.84	0.1807	0.00602	0.01744
35	17.15	0.49	0.31	26.20	0.75	0.96	0.3051	0.00872	0.02488
40	18.80	0.47	0.33	30.00	0.75	0.76	0.4375	0.01094	0.02648
45	20.50	0.46	0.34	32.30	0.72	0.46	0.5848	0.01300	0.02946
50	21.00	0.42	0.10	34.70	0.69	0.48	0.7349	0.01470	0.03002
54	21.70	0.40	0.18	37.00	0.69	0.575	0.8989	0.01665	0.04100

资料来源：柳国海，何斌，韦铄星，等．香合欢人工林生长规律及其生长模型研究［J］．广西林业科学，2021，50（5）：508-513.

三、良种资源

香合欢为广西近两年推出的造林树种，良种选育正在进行。根据观察，不同种源的香合欢生长差异较大。在广西多个引种点发现，东部海南种源叶序短，侧枝少而短，抗倒伏；西部云南景洪种源叶序长，侧枝多而长，易倒伏；处于中间位置的广西百色、贵州望谟种源叶序与侧枝长序及侧枝数量居中。

四、采种

（一）种源选择

选择当地或附近地区种源，不提倡远距离调种。

（二）采种林分选择

采种选择适应当地气候条件的采种区内的优良天然林，不可在人工林内采种。香合欢单株结实量最多可达 300 g，可育苗数千株。人工林种子极可能为近亲交配，子代会产生衰退。

（三）采种母树选择

香合欢遗传变异存在种源—林分—家系—个体多层变异，需选择优良单株进行采种。选择生长快、树干通直、分枝细、树冠小的母树采种。严禁在散生木、孤立木上采种。

（四）种子收集与处理

种子在 1 月成熟，2 月上旬自然脱落，果荚开裂，种子脱落。当荚果从深绿色转为暗褐色时，种子成熟。果实采收后，摊开暴晒 2 ～ 3 天，荚果自然开裂，有部分不开裂的可堆聚用棍棒敲打，使其裂开获得种子。新鲜种子易霉变，易受虫蛀。收集好的净种需再暴晒 3 ～ 5 天，待含水率降至 10% 以下方可贮运。若含水率超过 13%，脂肪酸就会迅速增加，种皮变软，引起发热变质，失去发芽力。香合欢出籽率约 17%，种子千粒重约 30.5 g，每公斤种子约 3.3 万粒，场圃发芽率 69% ～ 80%，种子干藏 1 年不会丧失发芽力。

香合欢种子易受虫蛀害，摊晒过程中经常见豆象蛀食种子。种子晒完后，立即进行防虫处理，可在贮藏袋内掺适量八角、花椒干果或熟石灰等。亦可用掺噻虫嗪粉剂或吡虫啉粉剂，每公斤种子用 10 g 左右粉剂即可。

五、育苗

（一）圃地选择

香合欢为强阳性树种，圃地宜选择日照充足、排灌方便及交通运输方便的地块。

（二）播种时间

播种时间宜早，建议即采即播，春季播种。

（三）芽苗培育

种子用清水浸种 24 小时后，稍滤水，装入桶内或容器中，保持厚度约 10 cm 以下，盖湿润毛巾，2 ～ 3 天种子萌发至大约 70%，点播于育苗袋内。

（四）育苗袋

采用（14 ～ 16）cm ×（15 ～ 18）cm 规格的立体无纺布育苗袋或黑色塑料袋。

（五）基质

将黄心土、腐熟的菌渣、打碎的树皮按体积比 7：2：2 的比例充分混匀，配成轻土营养基质。或者用泥炭土：椰糠（或谷壳、锯木屑、树皮）体积比 7：3 充分混匀配成轻型营养基质。苗木移栽前 1 天，用 0.5% 高锰酸钾溶液淋透基质后覆盖干净薄膜，移植时再掀去薄膜。

（六）袋苗培育

用露白种子育苗。在育苗袋中间打 1 个小洞，将种子栽入其中，轻压根部，淋透定根水。香合欢为强阳性树种，移植后无须遮阳。视基质干湿程度，早晚进行淋水。出苗后 15～90 天，每月淋施 2 次 0.1%～0.3% 复混肥水液。3 个月后，每月淋施 2 次 0.3%～0.5% 复混肥水液。施肥后 30 分钟内用清水冲洗叶片。11 月上旬后停施复混肥。

香合欢根系穿透力强，圃地地面需垫铺防草布。苗木培育过程中，需进行 2～3 次移杯，作断根处理。

（七）苗木出圃

苗木出圃前 1 个月，对育苗袋进行移动，断根、炼苗并分级。

（八）苗木标准

香合欢苗木标准见表 2-12。

表 2-12　香合欢苗木标准

苗龄（年）	合格苗				综合控制条件
	I 级苗		II 级苗		
	地径（cm）	苗高（cm）	地径（cm）	苗高（cm）	
1	＞0.95	＞105	0.60～0.95	65～105	苗干通直、单一主干、顶芽健壮、长势旺、木质化好、根系发达、干皮及根系无劈裂损伤、无检疫性病虫害

六、造林

（一）适生区域及立地选择

香合欢惧重霜，需选择无霜冻或无重霜地区造林。香合欢对土壤要求不高，除了在土层深厚肥沃、水分充足的立地生势良好外，在比较瘠薄的坡地也可作为造林地。

（二）造林地清理、整地与施基肥

造林地清理采用全面清理或带状清理的方式，以全面清理为最佳。全面清理可选择在秋冬季全面砍伐杂灌，或炼山清理。带状清理仅适合杂灌较稀薄的造林地。按 3 m 带宽，依山体，1.5 m 用于堆放杂草，另外 1.5 m 为干净带，在干净带内挖穴。

穴垦，规格为 50 cm × 50 cm × 30 cm。每穴先放钙镁磷肥 200 ～ 250 g，再回填表土至半穴并进行土肥搅拌，最后回心土至稍高于穴面 2 ～ 3 cm。

（三）造林密度

株行距为 2 m × 3 m 或 3 m × 3 m，即密度控制在 1111 ～ 1667 株 /hm²。

（四）造林季节

春季或雨季造林。

（五）苗木选择

选择干粗、顶芽饱满、根系完整苗木。严禁选用根系为黑色的老化苗木。

（六）造林模式

香合欢为阳性树种，树冠稀疏，提倡混交造林。可与楠木、红椿、杉木等树种混交。

（七）栽植

选择下雨前后无风的天气栽植。栽植之前要对苗木的过长根系进行适当修剪。造林要将容器袋除去，且确保容器中的基质不散。栽植时覆土踩实，使容器基质与穴中的土壤充分接触，以利于根系伸展。

香合欢也可采用截干造林，以减少前期苗木蒸腾，确保成活率。通常在根茎之上 5 cm 处进行截干，定植 6 个月后苗木萌条高度在 70 cm 左右，选 1 株健壮枝条留下继续培育，抹去其余萌芽条。

（八）抚育管理

栽植后应及时检查，清除死苗、缺苗或弱苗，及时进行补植，以确保林相整齐。栽植后 3 年内，每年 5 月和 8 月进行全面砍草抚育、块状扩穴培土。结合抚育进行施肥，每年施追肥 1 次，每次施复混肥 1 kg，立地条件较好的林地可适量减少施肥量。

七、四旁植树

香合欢是较好的四旁景观化珍贵化改造树种。按 4 ～ 6 m 设置株间距，挖适宜的穴栽植香合欢；选择容器大苗，要求苗木苗干通直、主干单一、顶芽健壮、长势旺、木质化好、根系发达、干皮及根系无劈裂损伤、无检疫性病虫、苗高 120 cm 以上。

八、主伐

香合欢速生，人工速丰丰产林，15 年生时进行主伐，主伐后要及时更新造林。

九、有害生物管理

香合欢为近几年规模推广树种，尚未发现严重病虫害。局部地块发现有蛀干害虫，在树高约 1 m 处蛀食树木主干。可在树干基部施用噻虫嗪粉剂或吡虫啉粉剂等内吸型杀虫剂，杀灭害虫。

十、用途及发展前景

香合欢边材白色，心材黑褐色或巧克力色。生长在肥沃地 15 年生树种可有 2/3 的心材；生长在干旱地，树种可有 4/5 的心材。木材有光泽，纹理斜或交错，结构细而匀，硬度中等，木材易干燥，不开裂，不变形，易加工，心材极耐腐，主要作上等运动器具、各种装饰大料等用材。广西百色、云南玉溪，利用香合欢木材加工成工艺品及仿红木家具。广西田林，利用香合欢木材加工成工艺品，出口国外。广西凭祥，利用香合欢木材加工仿紫檀家具。云南西双版纳及缅甸，将香合欢木材冒充楠木，称热带金丝楠木。多地木材加工厂业主反映，香合欢木材材性稳定，香合欢木材加工的家具、工艺品能经受干燥环境，不裂、不翘。据全国多地调查，香合欢心材正常交易价格约为 8000 元 /m³。

香合欢结实量大，根茎萌蘖能力强，依靠大量结实和根萌蘖，能进行天然更新。可进行择伐作业，选择合规格单株采伐。择伐过程中，清理藤灌及非目的树木，促进目的树木生长。

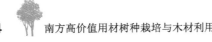

第四节　大叶榉树

别名： 榔木（广西）、血榉、榉树、榉木、鸡油树
木材商品名： 榉木
学名： *Zelkova schneideriana* Hand.–Mazz.
科名： 榆科

本书所述大叶榉树，为《中国植物志》（英文修订版）所记载的大叶榉树（*Zelkova schneideriana*）。大叶榉树，榆科榉属落叶大乔木，为国家二级保护野生植物。大叶榉树树种名称在日常生活中少有人提及，常称榔木、榉木、血榉，木材利用历史悠久，有"北榆南榉""无榉不成具"之说。由于材质优良，只采不栽以及盗伐导致大叶榉树种质资源损失严重，现存植株多为零星生长，极少成群落生长。

大叶榉树、榉树（*Zelkova serrata*）、榔榆（*Ulmus parvifolia*）叶片形态极相似，分布区部分重叠，生长环境相近，木材材性相近，故而木材常混用，常混淆。但是，大叶榉树在中国南方各地分布区更广，更为常见。

一、形态特征与分布

（一）形态特征

落叶大乔木，高达 35 m，胸径达 80 cm；树皮灰褐色至深灰色，呈不规则的片状剥落；当年生枝灰绿色或褐灰色，密生伸展的灰色柔毛；冬芽常 2 个并生，球形或卵状球形。叶厚纸质，大小形状变异很大，卵形至椭圆状披针形，长 3 ～ 10 cm，宽 1.5 ～ 4 cm，先端渐尖、尾状渐尖或锐尖，基部稍偏斜，圆形、宽楔形、稀浅心形，叶面绿，干后深绿至暗褐色，被糙毛，叶背浅绿，干后变淡绿至紫红色，密被柔毛，边缘具圆齿状锯齿，侧脉 8 ～ 15 对；叶柄粗短，长 3 ～ 7 mm，被柔毛。雄花 1 ～ 3 朵簇生于叶腋，雌花或两性花常单生于小枝上部叶腋。花期 4 月，果期 10 ～ 11 月。

榉树当年生枝紫褐色或棕褐色，无毛或疏被短柔毛；叶两面光滑无毛，或在背面沿脉疏生柔毛，在叶面疏生短糙毛而明显区别于大叶榉树。榔榆树皮灰色或灰褐，裂成不规则鳞状薄片剥落，露出红褐色内皮，近平滑，果实具膜质翅，而明显区别于大叶榉树。

（二）分布

大叶榉树分布在我国的秦岭、淮河流域及以南各地，东至台湾，西南至西藏察隅，生长于海拔 200～1100 m 的地区，在云南和西藏可达 1800～2800 m。

大叶榉树分布范围虽然较广，但多呈零星状生长。资料显示，江苏、浙江、安徽境内尚存较多的野生大叶榉树群落，而其他地区，除寺庙附近的丘陵及山凹有少量大叶榉树片林，多为经择伐残留的发育不良植株或萌生植株。破坏后的大叶榉树林分难以天然更新，资源濒于枯竭。

据资料介绍，20 世纪中叶，大叶榉树曾是浙江嘉兴平原绿化当家树种。20 世纪 70 年代之后，大叶榉树在农田林网和四旁植树中所占比例出现下降。到 90 年代之后，大叶榉树在嘉兴四旁立木中仅占 6.2%，胸径 15 cm 以上的大树已很少见。这一时期对大叶榉树的过度开发造成其森林资源急剧下降。在嘉兴市郊的秀城区东栅乡和桐乡市濮院镇，1997 年森林资源调查统计分别有大叶榉树 10116 株和 8547 株，到 2002 年底抽样调查时，两地分别只保留 4360 株和 3270 株，分别减少了 56.9% 和 61.7%。

湖北大叶榉树资源主要分布在海拔 500～1000 m 的地区，被不同程度地分割包围在谷底和山腰，呈现星散间隔的地理分布形式，种群规模较小。湖北省历史上是大叶榉树资源相当丰富的地区，但经历代频繁的生产活动如开荒、耕作、伐木、采药、樵采、开山采石等，大叶榉树野生资源受到严重破坏，致使大叶榉树在数量上锐减，在部分地区甚至已经灭绝。

广西是大叶榉树主要自然分布区，据林农反映，在 20 世纪 80 年代，在百色、河池、柳州、桂林、贺州各县区常见以大叶榉树为优势种的群落。此后，由于天然林无序采伐，大叶榉树已近濒危。据 2016～2018 年广西古树名木普查结果显示，广西树龄 80 年以上的大叶榉树有 451 株，自然生长在广西柳州、桂林、梧州、玉林、百色、贺州、河池 7 市 31 个县区，大叶榉树古树都处零星生长状态。根据近年我们进行的林草种质资源调查，广西面积大于 1 hm² 以大叶榉树为优势种的天然群落仅有 1 处。

二、生物生态学特性

（一）生物学特性

大叶榉树 3 月中旬开始萌芽，4～5 月为生长前期，6 月以后开始进入速生期，9 月以后生长变慢，10 月下旬至 11 月上旬叶片开始转色，约 11 月下旬落叶。4 月上旬幼叶开放的 7～10 天后开花，花期约 1 周，10～11 月果熟，成熟后常与叶同时脱落。

大叶榉树有较强的发枝能力，属于合轴分枝类型，梢部多显弯曲，而顶端萌发性弱。春季会在梢部侧芽新发 3～5 个竞争枝，因而影响直干性，且幼树干柔软易下垂，受风力影响常倾斜歪倒。若不加以修剪干预，会自然长出繁茂树冠，整株直干性弱。

大叶榉树深根性，侧根扩张，在喀斯特石灰岩山地，常见其根系沿石缝生长。在沟边、水旁，常见其根系布满石壁，很是壮观。大叶榉树生长速度快，自然生长，10年生树高可达 10 m，胸径 16.8 cm。

大叶榉树为高度自交和近交不育种。我们连续多年观察，发现零星生长的大叶榉树，所结种子几乎全为涩粒，母树周边亦罕见天然更新幼苗幼树。而天然林大群落结实良好，几无大小年之分，种子发芽率可达到 60%。

（二）生态学特性

1. 温度

大叶榉树分布于亚热带地区，喜高温，亦耐寒。分布区北部的江苏南京年平均气温 15.7 ℃，最冷月平均温度 -2.1 ℃，极端低温 -14.0 ℃，大叶榉树为当地常见种和主要造林树种。分布区南部的云南开远年平均气温 19.9 ℃，最热月平均温度 24.2 ℃，极端高温 38.2 ℃，当地大叶榉树为次生林常见种。详见表 2-13。

表 2-13　大叶榉树自然生长地气候条件

产地	经度	纬度	海拔（m）	年均温（℃）	最热月均温（℃）	极端最高气温（℃）	最冷月均温（℃）	极端最低气温（℃）	年降水量（mm）
江苏南京	118.350° E	32.050° N	60	15.7	28.1	43.0	-2.1	-14.0	1021.3
湖北保康	111.264° E	31.886° N	700	12.0	27.0	42.0	2.8	-16.5	934.6
安徽合肥	117.169° E	31.835° N	200	15.7	28.0	41.2	2.6	-20.6	1000.0
广西资源	110.653° E	26.042° N	800	16.4	26.2	38.3	5.4	-8.0	1773.1
广西那坡	105.833° E	23.387° N	700	19.1	24.8	36.0	11.4	-4.4	1353.1
贵州望谟	106.100° E	25.178° N	600	19.0	26.1	41.8	10.1	-4.8	1222.5
云南丘北	104.195° E	24.042° N	1000	16.7	21.9	34.9	9.0	-6.0	1143.3
云南开远	103.267° E	23.714° N	1100	19.9	24.2	38.2	12.8	-2.4	800.0

2. 水分

大叶榉树喜水，具一定耐水湿能力。自然条件下，季节性积水小的洼地、山坡下部常见大叶榉树生长，季节性流水沟谷中亦见大叶榉树大树生长。人工育苗，水肥较好时，1 年生苗高可达 2 m。大叶榉树极耐旱，在干热河谷地区的广西隆林、都安等喀斯特石灰岩山地，石缝中亦见以大叶榉树为优势种的次生林群落，大叶榉树根系能深入石缝中生长。

3. 光照

大叶榉树对光照适应性较宽泛，在路旁、村屯旁、山脊、陡坡及平地、新垦耕地旁、林间空地或疏林下，特别是火烧迹地或退耕地，天然下种更新效果好，在密林下或庇荫地亦有大叶榉树幼苗幼树。在郁闭度较大的密林中，大叶榉树树干通直，枝下高达 10 m 以上，生势旺盛，但被压于下层的幼树则生长稍弱。

4. 土壤

大叶榉树对土壤要求极宽泛，在红壤、燥红壤、黄壤、钙质土及轻度盐碱地上均可生长，在石灰岩山地比较常见。在广西隆林、富川、都安等喀斯特石灰岩次生林中，亦发现以大叶榉树为优势种的群落，这类土壤属棕色石灰土。

5. 群落

大叶榉树为亚热带常绿阔叶林、常绿落叶阔叶林、落叶阔叶林主要建群种，局部地段能成为优势种。不同地区，与大叶榉树混生树种不同。安徽合肥大蜀山的大叶榉树常与马尾松、麻栎（*Quercus acutissima*）、枫香树、刺槐等混生，落叶阔叶林是该区的地带性植被。浙江武义、遂昌、浦江、宁波以及舟山群岛、温州沿海等地，大叶榉树常与杉木、枫香树、甜槠（*Castanopsis eyrei*）、化香树（*Platycarya strobilacea*）、木荷、樟、白栎（*Quercus fabri*）、柏木（*Cupressus funebris*）、山槐等混生。广西隆林酸性土环境里，大叶榉树常与枫香树、南酸枣、女贞（*Ligustrum lucidum*）等混生；在喀斯特石灰岩山地上，大叶榉树常与南酸枣、君迁子（*Diospyros lotus*）等落叶树种混生，形成落叶阔叶林。大叶榉树处林冠上层，为优势树种。

（三）生长规律

1. 苗期生长规律

大叶榉树幼苗生长规律呈"慢—快—慢"趋势，基本符合 S 形曲线变化，4 月和 5 月为生长前期，株高生长量相对较小，6 月以后进入快速生长期，株高与地径同步增长，8 月的净生长量最大，10 月以后生长变慢，11 月上旬开始慢慢落叶，逐渐进入休眠期。

2. 林分生长规律

在广西隆林对 3 个近树干基部的大叶榉树木材截面的生长过程分析表明，天然生长的大叶榉树径粗生长量较高，3 个圆盘的年龄分别为 51、59、63 年，径粗分别为 19.30 cm、30.25 cm、24.80 cm，年平均生长量为 0.38 ～ 0.51 cm。径粗连年生长量各年度间差异较大，连年生长量 0.10 ～ 1.30 cm，平均连年生长量 0.43 cm。连年生长量有 2 个高峰期，1 ～ 10 年和 30 ～ 60 年，1 ～ 10 年间平均连年生长量 0.48 cm，

11 ～ 19 年间平均连年生长量仅 0.31 cm，30 ～ 60 年间平均连年生长量达 0.52 cm。调查中发现 1 个直径约 80 cm 砧板，近边缘处仍发现有近 1 cm 的生长量，但年际间变化较大。

三、良种资源

大叶榉树为优良乡土树种、重要造林绿化树种，然而其经济、生态和科研等重要价值未得到广泛重视。目前国内对大叶榉树研究主要集中在生物学特性、繁育及栽培技术、系统发育等方面，遗传改良与育种研究则处于起步阶段，导致优良品种缺乏，造林中良种使用率低，林分质量难以保障。

Liu 等（2016）通过对 12 个大叶榉树居群叶绿体 DNA psbA–trnH 和 trnM–trnG 序列分析发现，大叶榉树具有较高的遗传多样性，居群遗传变异主要来自居群间。大叶榉树种内遗传变异丰富，不同种源的大叶榉树在种子特性、叶片形态、苗期生长、木材基本密度、光合特性等方面均存在显著差异，具有较大的种质选择潜力。大叶榉树丰富的遗传变异为良种选育提供了潜力与机会。截至 2020 年，国家林业和草原局植物新品种保护办公室共授权了 6 个大叶榉树新品种，分别为'恨天高''壮榉''冲天''飞龙''林苑''幸福'，这为园林绿化选育提供了新品种。湖南桑植建立了大叶榉树无性系种子园。

四、采种

（一）种源选择

目前，大叶榉树尚缺乏全分布区种源试验，已进行的种源试验参试种源也较少，尚缺乏对大叶榉树种源生长的地理变异规律研究。参照其他树种，一般西部、南部种源生长较快。考虑当地气候条件，大叶榉树种源宜选择造林地稍南、稍西的种源，不使用北面、东面的种源育苗。

（二）采种林分选择

大叶榉树为高度自交不育种，零星母树、孤立木母树不结实，疏残林遗传品质差，人工林母树存在自交或近交风险。因此，大叶榉树采种，需优先选择种子园采种，若无种子园，可选择优良天然林采种。采种前需观察种实饱满情况，选择种实饱满林分采种。

（三）采种母树选择

选择树生长快、树干通直、分枝细、树冠小的母树采种。

（四）种子收集与处理

大叶榉树 10 ～ 15 年开始结实。20 ～ 80 年为结果盛期，结果期长达百年以上。果实 10 ～ 11 月成熟。种子成熟时为褐色，果实由青转褐色时采种，果实成熟后果叶多同时脱落。千粒重 100 ～ 200 g，发芽率为 30% ～ 60%。种子采集后，及时除去枝叶等杂物，然后摊在室内通风干燥处让其自然干燥 2 ～ 3 天，再行风选。风选后，再将种子室内自然干燥 5 ～ 8 天，贮存前必须将含水量降到 10% 以下。

五、育苗

（一）圃地选择

圃地宜选择日照充足、排灌方便及交通运输方便的地块。

（二）播种时间

播种时间宜早。华南地区建议即采即播，即冬播。冬季有冰雪地区，建议春播。

（三）芽苗培育

种子用常温清水浸泡 24 小时后，进行种子分级，浮水种子绝大部分为涩粒，可以丢弃，沉水种子发芽率在 90% 以上。将沉水种子用 0.3% 高锰酸钾溶液浸泡 30 分钟，再用流水冲洗 5 ～ 10 分钟后沥干水分。每托控制播种量约 150 粒种子，播种于椰糠床上催芽。播后，盖塑料薄膜防止雨水冲刷种子，保持四周通风。经常检查湿度，保持催芽床湿润即可。华南地区，通常播后 1 周种子开始发芽，约 20 天种子发芽结束。保持苗床湿润，约 40 天芽苗木半木质化，苗高 4 ～ 5 cm 即可移植于育苗袋培育。

（四）育苗袋

采用（12 ～ 14）cm × （14 ～ 18）cm 规格的立体无纺布容器。

（五）基质

将黄心土、腐熟的菌渣、打碎的树皮按体积比 7∶2∶2 的比例充分混匀，配成轻土营养基质。或者用泥炭土∶椰糠（或谷壳、锯木屑、树皮）体积比 7∶3 充分混匀配成轻型营养基质。苗木移栽前 1 天，用 0.5% 高锰酸钾溶液淋透基质后覆盖干净薄膜，移植时再掀去薄膜。

（六）袋苗培育

芽苗长至 4 ～ 5 cm 时可进行移植。在容器杯中间打 1 个小洞，将芽苗栽入其中，轻压根部，淋透定根水。移植后覆盖遮光度为 80% 的遮阳网。移植 10 天后视苗木木质化程度逐渐撤除遮阳网。视基质干湿程度，早晚进行淋水。

幼苗移栽后 15 ~ 90 天，每月淋施 2 次 0.1% ~ 0.3% 复混肥水液。3 个月后，每月淋施 2 次 0.3% ~ 0.5% 复混肥水液。施肥后 30 分钟内用清水冲洗叶片。11 月上旬开始停施复混肥。

（七）苗木出圃

苗木出圃前 1 个月，对容器杯进行移动、断根、炼苗并分级。苗木移动前 1 天，淋透水。移动后保持基质湿润，早晚各淋水 1 次。

（八）苗木标准

大叶榉树苗木标准见表 2-14。

表 2-14　大叶榉树苗木标准

苗龄（年）	合格苗				综合控制条件
	Ⅰ级苗		Ⅱ级苗		
	地径（cm）	苗高（cm）	地径（cm）	苗高（cm）	
1	＞ 1.0	＞ 110.0	0.6 ~ 1.0	85 ~ 110	苗干通直、单一主干、顶芽健壮、长势旺、木质化好、根系发达、干皮及根系无劈裂损伤、无检疫性病虫害

六、造林

（一）适生区域及立地选择

大叶榉树适应性强，秦岭、淮河流域及以南各地都能生长。微酸至轻度盐碱各类土壤上都能正常生长，能耐干旱瘠薄及水湿，在石灰岩山地的石缝中也能长成参天大树，是平原、丘陵和浅山造林的优良树种。

（二）造林地清理、整地与施基肥

造林地清理采用全面清理或带状清理的方式，以全面清理为最佳。全面清理可选择在秋冬季全面砍伐杂灌，或炼山清理。带状清理仅适合杂灌较稀薄的造林地。按 3 m 带宽，依山体，1.5 m 用于堆放杂草，另外 1.5 m 为干净带，在干净带内挖穴。

穴垦，规格为 50 cm × 50 cm × 30 cm。每穴先放钙镁磷肥 200 ~ 250 g，再回填表土至半穴并进行土肥搅拌，最后回心土至稍高于穴面 2 ~ 3 cm。

（三）造林密度

株行距为（2 ~ 3）m ×（3 ~ 4）m，即 833 ~ 1667 株 /hm²。

（四）造林季节

春季或雨季造林。

（五）苗木选择

选择干粗、顶芽饱满、根系完整的合格苗。严禁使用根系为黑色的老化苗木。

（六）造林模式

大叶榉树作为亚热带地区乡土珍贵用材树种，尚未发现严重病虫害，但要规模发展，仍提倡混交造林。大叶榉树自然生长，能与多个树种混生，如马尾松、杉木、毛竹、南酸枣、麻栎、甜槠、枫香树、刺槐、木荷、樟等。可采取1∶1、2∶1等多种比例，栽植约450株/hm²大叶榉树，培育成大径材。

（七）栽植

选择下雨前后无风的天气栽植。栽植之前要对苗木的过长根系进行适当修剪。造林时要将容器袋去除，且确保容器中的基质不散；栽植时覆土踩实，且确保容器基质完好，使容器基质与穴中的土壤充分接触，以利于根系伸展。

大叶榉树也可采用截干造林，以减少前期苗木蒸腾，确保成活率。通常在根茎之上5 cm处进行截干，定植6个月后苗木萌条高度在70 cm左右，选1株健壮枝条留下继续培育，抹去其余萌芽条。

（八）抚育管理

栽植后应及时检查，清除死苗、缺苗或弱苗，及时进行补植，以确保林相整齐。栽植后3年内，每年5月和8月进行全面砍草抚育、块状扩穴培土。结合抚育进行施肥，每年施追肥1次，每次施复混肥1 kg，立地条件较好的林地可适量减少施肥量。

（九）修枝

大叶榉树有较强的发枝能力，属于合轴分枝类型，梢部多显弯曲，而顶端萌发性弱。春季会在梢部侧芽新发3～5个竞争枝，因而影响直干性，且幼树树干柔软易下垂，受风力影响常倾斜歪倒。若不加以修剪干预，会自然长出繁茂树冠，导致整株直干性弱。故每年都需对大叶榉树进行修枝，尤其在栽植后3年内，每年需进行1次修枝。修枝宜在冬末春初进行。

七、间伐与主伐

大叶榉树作为优质用材培育，培育周期长，当林分郁闭度达0.9时，可进行第1次抚育间伐，间伐强度为株数30%左右，使林分郁闭度保持在0.7左右，伐除生长势差、过度被压或受病虫害危害的植株。当树冠恢复郁闭，侧枝交错，树冠下部自然整枝明显，郁闭度达 0.9 时，可安排第 2 次间伐，间伐强度为株数的 30% 左右。对于混交林，应及时将影响大叶榉树生长的其他树种进行修枝或伐除，以防过度遮阳。

大叶榉树生长快，人工造林 30 年林分平均胸径可达 30 cm，可进行主伐。

八、有害生物管理

（一）苗期虫害

大叶榉树苗期已发现有小地老虎（*Agrotis ypsilon*）、油桐尺蠖等虫害。大叶榉树苗期苗木集中连片，高度不大，观察、喷药都比较方便，虫害初期，及时喷 80% 敌敌畏 1000 倍液、敌百虫 1200 倍液等杀虫剂，防治效果好。

（二）幼树期虫害

大叶榉树幼树期已发现有云斑天牛（*Batocera horsfieldi*）、双带粒翅天牛（*Lamiomimus gottschei*）的成虫啃食树皮；有紫茎甲（*Sagra femorata purpurea*）、豹蠹蛾（*Zeuzera coffeae*）的幼虫蛀干危害。造林后，为了保证成活率和树木数量，必须防治蛀干害虫的危害。紫茎甲、豹蠹蛾的幼虫是目前发现的大叶榉树的主要蛀干害虫。应结合抚育、修枝等工作，检查该虫的危害部位，及时逐株处理。方法是用铁丝戳杀或用脱脂棉蘸杀虫剂原液或低倍的稀释液，如甲胺磷、氧化乐果、敌敌畏等堵塞虫孔，杀死害虫。防止紫茎甲危害的根本方法是清除大叶榉林中的葛藤，特别是缠绕在大叶榉树上的葛藤，应挖除葛蔸。食叶害虫可视虫情而定，如被食叶片如在 1 叶以上，其有上升趋势时，应考虑防治。

九、用途及发展前景

（一）材用

大叶榉树是珍贵的硬阔叶树种，材质坚韧强硬，木材气干密度为 0.68 ～ 0.79 g/cm³，心材红黄色，纹理清晰优美，结构细，少伸缩，油漆性能优良，耐水湿，耐腐朽，是高档家具和高档装饰装潢的良材。民间有"无榉不成具"的说法，为木材中的贵族，可与红木相媲美，在我国及日本等市场备受青睐，价格昂贵。有收藏者出售大径级大叶榉树木材，货价达 6 万元 /m³。

20 世纪 70 ～ 80 年代，广西百色曾大规模采伐天然大叶榉树林，木材销向日本、韩国，据说当时木材价为 2 万元 / 吨。2010 年后，广西百色、贵州兴义，有木材加工小企业，进山收集老旧木屋，木材按吨计价，约为 1.2 万元 / 吨。根艺作坊的根雕作品根据根雕大小，每件售价为 1 万～ 5 万元不等。

（二）绿化用

大叶榉树秋叶呈红色、橘黄色和黄色变异类型，根系发达，抗风倒，水土保持能力强，树形优美，是我国江南地区深受群众喜爱的生态景观树种。

第五节　榔榆

别名：榔木（广西）、小叶榆、秋榆、掉皮榆、豺皮榆、挠皮榆、构树榆
木材商品名：榔木、榆树
学名：*Ulmus parvifolia* Jacq.
科名：榆科

本书所述榔榆，为《中国植物志》（英文修订版）所记载的榔榆（*Ulmus parvifolia*）。榔榆，榆科榆属落叶乔木。榔榆树种名称在生活实际中常被人提起，但常与其他树种混淆，如大叶榉树。广西群众将榔榆、大叶榉树通称为榔木或血榉，木材混用。榔榆木材利用历史悠久，木材材质优良，由于只采不栽或盗伐，种质资源损失严重，现存植株多为零星生长，极少成群落生长。

榔榆材质坚硬、密度大、材色深，是制作高档家具的良材；其树形优美，姿态潇洒，树皮斑驳，枝叶细密，在庭院中孤植、丛植，或与亭榭、山石配置都很合适；其萌生性强，耐修剪，可塑性大，是制作盆景、桩景、树景的绝佳材料。

一、形态特征与分布

（一）形态特征

落叶乔木，或冬季叶变为黄色或红色宿存至第二年新叶开放后脱落，高达 25 m，胸径可达 1 m。树冠广圆形，树干基部有时成板状根，树皮灰色或灰褐，裂成不规则鳞状薄片剥落，露出红褐色内皮，近平滑，微凹凸不平；当年生枝密被短柔毛，深褐色；冬芽卵圆形，红褐色，无毛。叶质地厚，披针状卵形或窄椭圆形，稀卵形或倒卵形，中脉两侧长宽不等，长 1.7 ～ 8.0 cm，宽 0.8 ～ 3.0 cm，先端尖或钝，基部偏斜，

楔形或一边圆，叶面深绿色，有光泽，除中脉凹陷处有疏柔毛外，余处无毛，侧脉不凹陷，叶背色较浅，幼时被短柔毛，后变无毛或沿脉有疏毛，或脉腋有簇生毛，边缘从基部至先端有钝而整齐的单锯齿，稀重锯齿，侧脉每边 10 ～ 15 条，细脉在两面均明显，叶柄长 2 ～ 6 mm，仅上面有毛。花秋季开放，3 ～ 6 数在叶腋簇生或排成簇状聚伞花序，花被上部杯状，下部管状，花被片 4，深裂至杯状花被的基部或近基部，花梗极短，被疏毛。翅果椭圆形或卵状椭圆形，长 10 ～ 13 mm，宽 6 ～ 8 mm，除顶端缺口柱头面被毛外，余处无毛，果翅稍厚，基部的柄长约 2 mm，两侧的翅较果核部分为窄，果核部分位于翅果的中上部，上端接近缺口，花被片脱落或残存，果梗较管状花被为短，长 1 ～ 3 mm，有疏生短毛。花期 4 月，果期 10 ～ 11 月。

（二）分布

榔榆适应性较强，主要分布于我国华北中南部、华东、中南及西南各地；日本、朝鲜也有分布。榔榆一般生长于海拔 100 ～ 800 m 的平原、丘陵及山坡谷地。广西乐业，榔榆生长在海拔 900 ～ 1400 m 地带；广西富川，榔榆生长在海拔约 200 m 处。

二、生物生态学特性

（一）生物学特性

榔榆 3 月中旬萌芽，4 ～ 5 月为生长前期，6 月以后开始进入快速生长期，9 月生长变慢，10 月下旬至 11 月上旬叶片转色，约 11 月下旬至 12 月上旬落叶。4 月上旬幼叶开放的 7 ～ 10 天后开花，花期约 1 周，10 ～ 11 月果熟。

（二）生态学特性

1. 温度

榔榆主要分布于暖温带至北热带地区，气候适应范围广，喜高温，亦极耐严寒。分布区北部的河北高邑年平均气温 12.1 ℃，最冷月平均温度 –4.5 ℃，极端低温 –25.5 ℃，最热月平均温度 26.3 ℃，极端高温 41.8 ℃，当地有榔榆自然生长。分布区南部的广西南宁年平均气温 21.6 ℃，最热月平均温度 28.2 ℃，极端高温 40.4 ℃，当地喀斯特石山偶有榔榆自然生长。详见表 2–15。

表 2-15　榔榆自然生长地气候条件

产地	经度	纬度	海拔（m）	年均温（℃）	最热月均温（℃）	极端最高气温（℃）	最冷月均温（℃）	极端最低气温（℃）	年降水量（mm）
广西南宁	108.895° E	22.785° N	80	21.6	28.2	40.4	12.8	−2.1	1304.2
广西天峨	107.170° E	25.000° N	550	20.5	26.9	38.9	10.8	−2.9	1370.0
甘肃天水	105.720° E	34.580° N	1100	11.0	22.8	38.2	−2.0	−14.1	491.7
陕西周至	108.228° E	34.169° N	430	13.2	26.5	42.4	−1.2	−20.2	850.5
河北高邑	114.400° E	37.400° N	50	12.1	26.3	41.8	−4.5	−25.5	679.0

2. 水分

榔榆喜水，具一定耐水湿能力。自然条件下，季节性积水小的洼地、山坡下部常见榔榆生长。榔榆亦极耐旱，在广西南宁、天峨、富川等地的喀斯特石灰岩山地，石缝中亦见以榔榆抱石而生，甚是奇异。

3. 光照

榔榆喜光，稍耐荫。在路旁、村屯旁、山脊、陡坡及平地、新垦耕地旁、林间空地或疏林下，特别是火烧迹地或退耕地，天然下种更新效果好，甚至在喀斯特石灰岩山地裸露的山顶、石缝中，亦有榔榆大树生长。

4. 土壤

榔榆对土壤要求极宽泛，在赤红壤、红壤、黄壤、黄棕壤、钙质石灰土及轻度盐碱地上均可生长。在广西天峨喀斯特石灰岩次生林中，发现以榔榆为优势种的群落，这类土壤属棕色石灰土。

三、良种资源

我国榔榆良种选育工作成效不显著。国外开展榔榆良种选育工作较早，例如北美地区 20 世纪 40 年代开始引种亚洲榆，主要是榆树（*Ulmus pumila*）和榔榆，用以开展榆属抗病育种，目前已成功培育出 11 个速生、干形通直、叶形优美或抗病性强的榔榆品种。国内榔榆研究工作起步较晚，早期研究多集中在繁殖技术、盆景应用、景观配置等研究方面，而对榔榆材用品种培育及木材加工利用较少，如陈开森等（2015）开展了榔榆硬枝扦插研究，祝亚云等（2018）对不同榔榆单株种子表型性状差异进行了初步研究。

四、采种

（一）种源选择

目前，榔榆尚缺乏全分布区种源试验。参照其他树种，以西部、南部种源生长快。考虑当地气候条件，榔榆种源宜选择稍南、稍西的种源，不用北面、东面种源育苗。

（二）采种林分选择

榔榆为高度自交不育种，零星母树、孤立木母树不结实，人工林母树存在自交或近交风险。因此，榔榆采种，需优先选择种子园采种，若无种子园，可选择优良天然林采种。采种前观察种实饱满情况，选择种实饱满的林分采种。

（三）采种母树选择

采种选择生长快、树干通直、分枝细、树冠小的母树。严禁在散生木、孤立木上采种。

（四）种子收集与处理

于 10 月中旬至 11 月下旬，当果翅呈黄褐色时及时采收阴干，带果翅贮存，筛去杂质，装袋，放低温、干燥处贮藏，注意防霉烂。翅果寿命短，需充分干燥后贮藏。

五、育苗

（一）圃地选择

圃地宜选择日照充足、排灌方便及交通运输方便地块。

（二）播种时间

播种时间宜早。华南地区建议冬播，即采即播。冬季有冰雪地区，建议春播。

（三）芽苗培育

种子用常温清水浸泡 24 小时后，进行种子分级，浮水种子绝大部分为涩粒，可以丢弃，沉水种子发芽率在 90% 以上。将沉水种子用 0.3% 高锰酸钾溶液浸泡 30 分钟，再用流水冲洗 5～10 分钟后沥干水分。每托控制播种量约 150 粒种子，播种于椰糠床催芽。播后，盖塑料膜防止雨水冲刷种子，保持四周通风。经常检查湿度，保持催芽床湿润即可。华南地区，通常播后 1 周种子开始发芽，约 20 天种子发芽结束。保持苗床湿润，约 40 天芽苗半木质化，苗高 4～5 cm 即可移植于育苗袋内培育。

（四）育苗袋

采用（12～14）cm ×（14～18）cm 规格的立体无纺布容器。

（五）基质

将黄心土、腐熟的菌渣、打碎的树皮按体积比 7 : 2 : 2 的比例充分混匀，配成轻土营养基质。或者用泥炭土 : 椰糠（或谷壳、锯木屑、树皮）体积比 7 : 3 充分混匀配成轻型营养基质。苗木移栽前 1 天，用 0.5% 高锰酸钾溶液淋透基质后覆盖干净薄膜，移植时再掀去薄膜。

（六）袋苗培育

芽苗长至 4～5 cm 时可进行移植。在容器杯中间打 1 个小洞，将芽苗栽入其中，轻压根部，淋透定根水。移植后覆盖遮光度为 80% 的遮阳网。移植 10 天后视苗木木质化程度逐渐撤除遮阳网。视基质干湿程度，早晚进行淋水。

幼苗移栽后 15～90 天，每月淋施 2 次 0.1%～0.3% 复混肥水液。3 个月后，每月淋施 2 次 0.3%～0.5% 复混肥水液。施肥后 30 分钟内用清水冲洗叶片。11 月上旬开始停施复混肥。

（七）苗木出圃

苗木出圃前 1 个月，对容器杯进行移动，断根、炼苗并分级。苗木移动前 1 天，淋透水。移动后保持基质湿润，早晚各淋水 1 次。

（八）苗木标准

榔榆苗木标准见表 2-16。

表 2-16　榔榆苗木标准

苗龄（年）	合格苗				综合控制条件
	I 级苗		II 级苗		
	地径（cm）	苗高（cm）	地径（cm）	苗高（cm）	
1	＞ 1.5	＞ 150.0	1.0～1.5	100～150	苗干通直、单一主干、顶芽健壮、长势旺、木质化好、根系发达、干皮及根系无劈裂损伤、无检疫性病虫害

六、造林

（一）适生区域及立地选择

榔榆适应性强，秦岭、淮河流域以南各地都有生长，在微酸至轻度盐碱的各类土壤中都能正常生长，耐干旱瘠薄及水湿，在石灰岩山地的石缝中也能长成参天大树，是平原、丘陵和浅山造林的优良树种。

（二）造林地清理、整地与施基肥

造林地清理采用全面清理或带状清理的方式，以全面清理为最佳。全面清理可选择在秋冬季全面砍伐杂灌，或炼山清理。带状清理仅适合杂灌较稀薄的造林地。按3 m 带宽，依山体，1.5 m 用于堆放杂草，另外 1.5 m 为干净带，在干净带内挖穴。

穴垦，规格为 50 cm×50 cm×30 cm。每穴先放钙镁磷肥 200～250 g，再回填表土至半穴并进行土肥搅拌，最后回心土至稍高于穴面 2～3 cm。

（三）造林密度

株行距为（2～3）m×（3～4）m，即 833～1667 株 /hm^2。

（四）造林季节

春季或雨季造林。

（五）苗木选择

选择干粗、顶芽饱满、根系完整合格苗。严禁选用根系为黑色的老化苗木。

（六）造林模式

椰榆作为乡土阔叶树种，尚未发现严重病虫害，如欲规模发展，仍提倡混交造林。椰榆自然生长，能与多个树种混生，如马尾松、杉木、毛竹、南酸枣、麻栎、枫香树、刺槐、甜槠、木荷、樟等。可采取 1∶1、2∶1 等多种比例，每公顷栽植约 450 株椰榆，培育成大径材。

（七）栽植

选择下雨前后无风的天气栽植。栽植之前要对苗木的过长根系进行适当修剪。造林要将容器袋解除，且确保容器中的基质不散，栽植时覆土踩实，且确保容器基质完好，使容器基质与穴中的土壤充分接触，以利于根系伸展。

椰榆也可采用截干造林，以减少前期苗木蒸腾，确保成活率。通常在根茎之上 5 cm 处进行截干，定植 6 个月后苗木萌条高度在 70 cm 左右，选 1 株健壮枝条留下继续培育，抹去其余萌芽条。

（八）抚育管理

栽植后应及时检查，清除死苗、缺苗或弱苗，及时进行补植，以确保林相整齐。林分 1～3 年生期间，每年的 5 月和 8 月进行全面砍草抚育、块状扩穴培土。结合抚育进行施肥，每年施追肥 1 次，每次施专用肥 1 kg，立地条件较好的林地可适量减少施肥量。

七、间伐与主伐

初次间伐一般在造林后 10～12 年时进行，当胸径达到 10～12 cm，树冠互相挤压之时即可间伐，间伐强度为株数的 30% 以内，方式为下层疏伐法。再生长 6～8 年后可进行第二次间伐，间伐强度为株数的 25%，可采用机械法。一般榔榆用材林主伐年龄为 50 年，采伐方式为择伐。

八、有害生物管理

由于种子稀缺，国内目前少有榔榆规模人工造林，根据已有资料，在榔榆盆景中发现根腐病和枝梢丛枝病。

榔榆根腐病，在生长期叶发黄脱落，枝条逐渐枯死，一直不发芽或中途停止生长。如根腐病比较严重，必须立即翻盆换土，剪除腐烂根，并用 1% 硫酸铜溶液浸根 3～5 分钟，清水冲洗后换上经消毒处理的培养土重新栽种。

枝梢丛枝病，新梢丛生，直立向上，病枝展叶早且小，分枝密集等，主要危害新梢和叶。在早春芽萌动前可喷洒石硫合剂；除避雨外不要在枝叶上喷水，应保持叶面干燥。

九、用途及发展前景

（一）材用

榔榆木材与大叶榉树材质相近，木材通用，为高端家具用材。

（二）园林绿化

榔榆树形优美，姿态潇洒，树皮斑驳，枝叶细密，在庭院中孤植、丛植，或与亭榭、山石配置都很合适，是不错的园林绿化树种。

榔榆是优良树桩材料，桩头易成奇特古拙状，扎枝后不易抽新枝，久不变形，因此可做大型盘扎。可做大型蟠扎盆景，俨成天然图画，令人赞赏。

第六节　黄连木

别名： 龙鳞树（广西）、楷木（湖南、河南、河北）、黄连茶（湖南）
木材商品名： 黄连木
学名： *Pistacia chinensis* Bunge
科名： 漆树科

黄连木（*Pistacia chinensis*）又名龙鳞树、黄连树、黄连茶等，属漆树科黄连木属落叶乔木。分布广泛，是绿化、茶饮、观赏和药用树种的优良用材。黄连木木材为环孔材，坚韧致密，抗压耐腐，心材黄褐色，刨切面具光泽，气干密度 0.713 g/cm³，为深色硬木材质中外观最为精美的一类木材，是制作高档家具、工艺美术品的良材。嫩叶有香味，可制成茶，民间早有食用历史。黄连木嫩叶红色，入夏变绿，入秋为红色或橙黄色，红色的雌花序也极美观，果实为红色或铜绿色，观赏性佳，宜作四旁绿化。

一、形态特征与分布

（一）形态特征

落叶乔木，高达 20 余米。树干扭曲，树皮暗褐色，呈鳞片状剥落，幼枝灰棕色，具细小皮孔，疏被微柔毛或近无毛。奇数羽状复叶互生，有小叶 5～6 对，叶轴具条纹，被微柔毛，叶柄上面平，被微柔毛；小叶对生或近对生，纸质，披针形或卵状披针形或线状披针形，长 5～10 cm，宽 1.5～2.5 cm，先端渐尖或长渐尖，基部偏斜，全缘，两面沿中脉和侧脉被卷曲微柔毛或近无毛，侧脉和细脉两面突起；小叶柄长 1～2 mm。花单性异株，先花后叶，圆锥花序腋生，雄花序排列紧密，长 6～7 cm，雌花序排列疏松，长 15～20 cm，均被微柔毛；花小，花梗长约 1 mm，被微柔毛；苞片披针形或狭披针形，内凹，长 1.5～2 mm，外面被微柔毛，边缘具睫毛。雄花：花被片 2～4，披针形或线状披针形，大小不等，长 1～1.5 mm，边缘具睫毛；雄蕊 3～5，花丝极短，长不到 0.5 mm，花药长圆形，大，长约 2 mm；雌蕊缺。雌花：花被片 7～9，大小不等，长 0.7～1.5 mm，宽 0.5～0.7 mm，外面 2～4 片远较狭，披针形或线状披针形，外面被柔毛，边缘具睫毛，里面 5 片卵形或长圆形，外面无毛，边缘具睫毛；不育雄蕊缺；子房球形，无毛，径约 0.5 mm，花柱极短，柱头 3，厚，肉质，红色。核果倒卵状球形，略压扁，径约 5 mm，成熟时紫红色，干后具纵向细条纹，先端细尖。

（二）分布

黄连木遍布我国华北、华南、西南、华中、华东与西北地区的 25 个省（自治区、直辖市），分布范围为北纬 18.150° ～ 40.150°、东经 96.867° ～ 123.233°，北界为云南潞西、泸水—西藏察隅—四川甘孜—青海循化—甘肃天水—陕西富县—山西阳城—河北完县—北京，在此界限以东、以南均有分布，以河北、河南、山西、陕西居多。在《西藏植物志》中记载，黄连木仅在察隅有分布，是自然分布的西界；《海南植物志》中提到在崖县（今三亚）可生长，是黄连木生长的南界。

二、生物生态学特性

（一）生物学特性

黄连木属雌雄异株植物，稀有雌雄同株。3 ～ 4 月先叶开花。雄花序排列紧密，长 6 ～ 7 cm；雌花序排列疏松，长 15 ～ 20 cm。果期 9 ～ 11 月，核果径约 6 mm，红色果均为空，绿色果内含成熟种子。黄连木种群雄树明显多于雌树，性比显著偏离 1：1。在广西各地，黄连木几乎大部分为雄株，雌株不结实或授粉不良，果实红色，为空粒。

黄连木根系发达，常见粗壮根系抱石生长，很是壮观。

（二）生态学特性

黄连木在我国的分布区横跨温带、亚热带、热带，分布区年平均气温 > 5.8 ℃，最冷月平均温度 > –8 ℃，极端低温 > –26.5 ℃，最热月平均温度 > 13.8 ℃，年降水量 > 300 mm。

黄连木喜湿润环境，亦极耐干旱。在沟边、坡地都有生长，且以沟谷边生长最好。育苗时，低洼积水地，黄连木生长差。在喀斯特石灰岩山边土层稍厚处至半坡几无土壤的石缝中，都可见黄连木大树。喜光，多生于疏林中、村屯旁、路旁等光照充足处。

黄连木生长地土壤类型复杂，酸性砖红壤、赤红壤、红壤、燥红壤、黄壤，碱性褐土、石灰土，甚至在滨海盐碱地都能生长。

（三）生长规律

黄连木 1 年生播种苗高生长过程划分为 4 个时期：出苗期（3 月上旬至 4 月上旬）、生长初期（4 月中旬至 6 月下旬）、速生期（7 月上旬至 9 月上旬）、生长末期（9 月中旬至 10 月上旬）。

三、良种资源

黄连木广泛分布于我国 25 个省（自治区、直辖市），分布区内生态、气候条件的差异及地理阻隔，在长期选择中形成生长、形态、结实特征差异的自然类型。调查发现黄连木各性状变异幅度很大，在树皮、冠形、叶、花、果穗、果实和种子等方面存在不同层次的种内变异，这为优良基因型选择提供条件。王超等（2010）研究表明，黄连木群体间基因分化占 22.09%，群体内的变异占总变异的 77.91%。吴志庄等（2011）研究发现，黄连木表型性状存在极其丰富的群体间和群体内变异，群体间平均表型分化系数为 22.27%，说明群体内变异是黄连木遗传变异的主要来源。

黄连木虽然分布范围广，木材材性好，树叶季相变化丰富，但是尚缺乏全分布区域种源试验，亦未见选育出优良种源或采种母树林的报道。

四、采种

（一）种源选择

目前，黄连木尚缺乏全分布区种源试验。参照其他树种，以西部、南部种源生长快。考虑当地气候条件，黄连木种源宜选择稍南、稍西的种源，不使用北面、东面的种源育苗。

（二）采种林分选择

黄连木为雌雄异株树种，采种需选择天然大群落。零星母树、孤立木母树不结实或结实为空粒，人工林母树存在自交或近交风险。因此，黄连木采种，需优先选择种子园采种，若无种子园，可选择优良天然林采种。采种前观察种实饱满情况。

（三）采种母树选择

选择生长快、树干通直、分枝细、树冠小的母树采种。严禁在散生木、孤立木上采种。

（四）种子收集与处理

于 9 月中旬至 10 月下旬，当果实表皮有折皱，即表示成熟。成熟果实，会挂于树上 1～2 个月，但久晒，会影响发芽率，需及时采收。采收回的果实，摊于地面阴干即可，带果皮贮运、播种。不同种源黄连木种子千粒重范围为 37.56～56.20 g，发芽率的范围为 15.25%～56.85%，发芽势在 20.55%～54.85%。

五、育苗

（一）圃地选择

圃地宜选择日照充足、排灌方便及交通运输方便的地块。黄连木喜湿润，但忌积水，圃地作床时需做高床，修筑好排水沟。

（二）播种时间

播种时间宜早。华南地区建议冬播，即采即播。冬季有冰雪的地区建议春播。

（三）芽苗培育

种子用常温清水浸泡 24 小时后，进行种子分级，浮水种子绝大部分为涩粒，可以丢弃，沉水种子发芽率在 90% 以上。将沉水种子用 0.3% 高锰酸钾溶液浸泡 30 分钟，再用流水冲洗 5 ～ 10 分钟后沥干水分。每托控制播种量约 150 粒种子播种于椰糠床催芽。播种后盖塑料膜防止雨水冲刷种子，保持四周通风。经常检查湿度，保持催芽床湿润即可。华南地区通常在播种后 1 周种子开始发芽，约 20 天种子发芽结束。保持苗床湿润，约 40 天芽苗半木质化，苗高 4 ～ 5 cm 即可移植于育苗袋培育。

（四）育苗袋

采用（12 ～ 14）cm ×（14 ～ 18）cm 规格的立体无纺布容器。

（五）基质

将黄心土、腐熟的菌渣、打碎的树皮按体积比 7∶2∶2 的比例充分混匀配成轻土营养基质；或者用泥炭土∶椰糠（或谷壳、锯木屑、树皮）按体积比 7∶3 充分混匀配成轻型营养基质。

苗木移栽前 1 天，用 0.5% 高锰酸钾溶液淋透基质后覆盖干净薄膜，移植时再掀去薄膜。

（六）袋苗培育

芽苗长至 3 ～ 5 cm 时可进行移植。在容器杯中间打 1 个小洞，将芽苗栽入其中，轻压根部，淋透定根水。移植后覆盖遮光度为 80% 的遮阳网。移植 10 天后视苗木木质化程度逐渐撤除遮阳网。视基质干湿程度，早晚进行淋水。

幼苗移栽后 15 ～ 90 天，每月淋施 2 次 0.1% ～ 0.3% 复混肥水液。3 个月后，每月淋施 2 次 0.3% ～ 0.5% 复混肥水液。施肥后 30 分钟内用清水冲洗叶片。11 月上旬开始，停施复混肥。

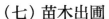

（七）苗木出圃

苗木出圃前 1 个月对容器杯进行移动，断根、炼苗并分级。苗木移动前 1 天淋透水。移动后保持基质湿润，早晚各淋水 1 次。

（八）苗木标准

黄连木苗木标准见表 2-17。

表 2-17　黄连木苗木标准

苗龄（年）	合格苗				综合控制条件
	Ⅰ级苗		Ⅱ级苗		
	地径（cm）	苗高（cm）	地径（cm）	苗高（cm）	
1	＞ 0.8	＞ 80	0.6 ～ 0.8	60 ～ 80	苗干通直、单一主干、顶芽健壮、长势旺、木质化好、根系发达、干皮及根系无劈裂损伤、无检疫性病虫害

六、造林

（一）适生区域及立地选择

黄连木适应性强，华北及西北以南各地都有生长，在微酸至轻度盐碱的各类土壤中都能正常生长，耐干旱瘠薄，但不耐水湿，在石灰岩山地的石缝中也能长成参天大树，是平原、丘陵和浅山造林的优良树种。

（二）造林地清理、整地与施基肥

造林地清理采用全面清理或带状清理的方式，以全面清理为最佳。全面清理可选择在秋冬季全面砍伐杂灌，或炼山清理。带状清理仅适合杂灌较稀薄的造林地。按 3 m 带宽，依山体，1.5 m 用于堆放杂草，另外 1.5 m 为干净带，在干净带内挖穴。

穴垦，规格为 50 cm × 50 cm × 30 cm。每穴先放钙镁磷肥 200 ～ 250 g，再回填表土至半穴并进行土肥搅拌，最后回心土至稍高于穴面 2 ～ 3 cm。

（三）造林密度

株行距为（2 ～ 3）m ×（3 ～ 4）m，即 833 ～ 1667 株 /hm^2。

（四）造林季节

春季或雨季造林。

（五）苗木选择

选择干粗、顶芽饱满、根系完整的合格苗。严禁选用根系为黑色的老化苗木。

（六）造林模式

黄连木作为乡土阔叶树种，尚未发现严重病虫害，如欲规模种植，仍提倡混交造林。黄连木自然生长，能与多个树种混生，如马尾松、杉木、毛竹、南酸枣、麻栎、枫香树、刺槐、甜槠、木荷、樟等。可采取 1∶1、2∶1 等多种比例，每公顷栽植约 450 株黄连木，并将其培育成大径材。

（七）栽植

选择下雨前后无风的天气栽植。栽植之前要对苗木的过长根系进行适当修剪。造林要将容器袋解除，且确保容器中的基质不散，栽植时覆土踩实，且确保容器基质完好，使容器基质与穴中的土壤充分接触，以利于根系伸展。

黄连木也可采用截干造林，以减少前期苗木蒸腾，确保成活率。通常在根茎之上 5 cm 处进行截干，定植 6 个月后苗木萌条高度在 70 cm 左右，选 1 株健壮枝条留下继续培育，抹去其余萌芽条。

（八）抚育管理

栽植后应及时检查，清除死苗、缺苗或弱苗，及时进行补植，以确保林相整齐。林分 1 ～ 3 年生期间，每年的 5 月和 8 月进行全面砍草抚育、块状扩穴培土。结合抚育进行施肥，每年施追肥 1 次，每次施复混肥 1 kg。立地条件较好的林地可适量减少。

七、间伐与主伐

当林分郁闭度达 0.9 左右时，对被压木、病虫木等进行间伐（或移栽），移除比例为株数的 30%；几年后，当林分郁闭度达 0.9 左右时，对弯曲木、被压木、多叉木等进行间伐（或移栽），移除比例为株数的 30%。黄连木树高速生期为前 1 ～ 5 年，胸径速生期在前 15 年，材积生长一般在 35 年后开始。主伐年龄一般在 50 ～ 80 年，由于其萌芽更新效果好，主伐后可通过人工促进其自然更新。

八、用途及发展前景

（一）材用

黄连木因其心材为橄榄黄或金黄色，而且味苦，所削木片酷似中药黄连而得名。黄连木木材横切面管孔呈比较整齐的人字形排列，其花纹犹如壮锦图案，十分美丽。弦切面小导管壁螺纹加厚明显，俨如编织的小花瓶。心材呈橄榄黄或金黄褐色，常具深色条纹，板面材色及花纹酷似降香黄檀，市场上亦曾有人以此木冒充越南黄花梨（*Dalbergia tonkinensis*）。黄连木木材气干密度 0.82 g/cm³，强度及硬度中等，加工略难，油漆或上蜡性能良好，宜作椅类、床类、顶箱柜、书桌等高级古典工艺家具，楼梯扶手，实木地板等。

（二）园林绿化

黄连木树皮呈鳞片状脱落，故又称龙鳞木。树冠浑圆，树姿雄伟，枝叶繁茂秀丽，早春嫩叶红色，入秋叶片变成深红或橙色，红色的花序极美观。宜作庭荫树、行道树及山地风景树，在园林中配植于草坪、坡地、山谷或山石和亭阁之旁也无不相宜，若要构成大片秋色红叶林，可与槭属（*Acer* spp.）、枫香树、乌桕等混植，效果更好。

（三）茶饮

黄连木茶是黄连木的嫩芽经加工制成，具有清热解毒、祛暑止渴等功效。黄连木做茶饮的应用历史至少有 600 年。明代早期，朱橚编写的《救荒本草》有记载："救饥采嫩芽叶炸熟，换水浸去苦味，油盐调食，蒸芽曝干亦可作茶煮饮。"黄连木茶在我国资源丰富，应用历史悠久，在湖北、湖南、广东、广西、江西等地区广为流传，是一种具有广阔应用前景的保健茶饮。现代研究表明，黄连木茶含有丰富的挥发油、黄酮、鞣质等多种成分，具有抗氧化、抑菌、降血脂、抗癌等多种药理活性。

第七节　降香黄檀

别名：花梨木（海南）、降香檀、香红木、香枝、黄花梨
木材商品名：黄花梨、香红木
学名：*Dalbergia odorifera* T. Chen
科名：豆科

本书所述降香黄檀，为《中国植物志》（英文修订版）所记载的降香黄檀（*Dalbergia odorifera*）。蝶形花科黄檀属半落叶乔木。降香黄檀木材贵重，野生资源破坏严重，为国家二级保护野生植物。降香黄檀名称主要在林业系统各种文献出现，普通民众知道的不多。但其木材名"黄花梨"名气极大，为高档红木，木材以斤两计价，为南方各

地规模推广,吸引了大量民间投资者。然而,降香黄檀对土壤肥力要求较高,规模人工造林普遍生长较差,且形成心材时间长。降香黄檀在南亚热带以南地区,以四旁植树和喀斯特石灰岩山坡下部造林为主。

一、形态特征与分布

(一)形态特征

乔木,高 10～15 m;除幼嫩部分、花序及子房略被短柔毛外,全株无毛;树皮褐色或淡褐色,粗糙,有纵裂槽纹。小枝有小而密集皮孔。羽状复叶复叶长12～25 cm;叶柄长 1.5～3 cm;托叶早落;小叶 3～6 对,近革质,卵形或椭圆形,长 2.5～9 cm,宽 2～3.5 cm,复叶顶端的 1 枚小叶最大,往下渐小,基部 1 对长仅为顶小叶的1/3,先端渐尖或急尖,钝头,基部圆或阔楔形;小叶柄长 3～5 mm。圆锥花序腋生,长 8～10 cm,径 6～7 cm,分枝呈伞房花序状;总花梗长 3～5 cm;基生小苞片近三角形,长约 0.5 mm,副萼状小苞片阔卵形,长约 1 mm;花长约5 mm,初时密集于花序分枝顶端,后渐疏离;花梗长约 1 mm;花萼长约 2 mm,下方1 枚萼齿较长,披针形,其余的阔卵形,急尖;花冠乳白色或淡黄色,各瓣近等长,均具长约 1 mm 瓣柄,旗瓣倒心形,连柄长约 5 mm,上部宽约 3 mm,先端截平,微凹缺,翼瓣长圆形,龙骨瓣半月形,背弯拱;雄蕊 9,单体;子房狭椭圆形,具长柄,柄长约 2.5 mm,有胚珠 1～2 粒。荚果舌状长圆形,长 4.5～8 cm,宽 1.5～1.8 cm,基部略被毛,顶端钝或急尖,基部骤然收窄与纤细的果颈相接,果颈长 5～10 mm,果瓣革质,对种子的部分明显凸起,状如棋子,厚可达 5 mm,有种子 1～2 粒。

(二)分布

降香黄檀自然分布于海南西部、西南部以及南部的东方、昌江、乐东、白沙和三亚等地,海南北部的海口琼山区也有零星分布。天然分布以散生在台地和山地交接处海拔 100～600 m 的半落叶季雨林、山坡疏林、灌木林及林缘或路旁旷地上。现广东、广西、福建、贵州、四川、重庆、云南、浙江各地有引种,引种成败的关键是温度。广西桂林雁山区桂林植物所(北纬 25.098°)、贵州罗甸(北纬 25.417°)、浙江温州瓯海景山(北纬 28.003°)、四川乐山(北纬 29.433°)、广东韶关(北纬 24.783°),能正常存活并开花结实,但引种到重庆黔江区(北纬 29.692°)、湖南耒阳(北纬 26.479°),露地无法越冬。

二、生物生态学特性

（一）生物学特性

降香黄檀为半落叶树种，原产于海南尖峰岭，萌发期为2月下旬，展叶期为3月下旬至4月中旬，花期4～6月，果期10～12月，落叶期12月下旬。引种到广西凭祥、南宁，每个物候期比原产地推迟10～20天。

降香黄檀产种子较多，易于传播，发芽成活率高，萌蘖力也很强，砍伐后能萌芽更新，但大多干形略有弯曲，也有的长成干形通直的高大植株。根系具固氮菌，能改善土壤。

（二）生态学特性

1. 温度

降香黄檀为典型热带树种，喜高温，具一定耐寒能力。原产地海南年平均气温约25.5℃，最冷月平均温度18.0℃，极端低温2.5℃。引种到广西凭祥、南宁、马山、桂林雁山，贵州罗甸能安全越冬，并开花结实。引种到广东韶关、浙江温州、四川乐山能正常生长。引种到湖南耒阳、重庆黔江春夏能正常生长，但不能越冬。根据各地气候条件，说明降香黄檀正常生长最冷月平均温度在8.3℃左右。详见表2-18。

降香黄檀耐寒性还与树体大小、水肥条件等有关，成年树较幼苗、幼树耐寒，水肥条件好、生长健壮的树较水肥条件差的树耐寒性强。连辉明等（2014）研究发现，在0～5℃并保持5～10天时，降香黄檀出现较为严重的寒害，林分寒害等级与月均温、海拔、树高和林龄呈极显著的负相关，受寒害较轻的林分在翌年可恢复生长。洪舟等（2020）研究表明，降香黄檀通过低温驯化，可以适当增强幼苗的耐寒能力。

表 2-18　降香黄檀自然生长地气候条件

产地	经度	纬度	海拔（m）	年均温（℃）	最热月均温（℃）	极端最高气温（℃）	最冷月均温（℃）	极端最低气温（℃）	年降水量（mm）
海南乐东	108.817° E	18.700° N	80	25.5	28.0	38.1	18.0	2.5	1600.0
广西凭祥	108.817° E	22.083° N	250	21.5	26.7	39.8	13.6	0.1	1387.0
广西南宁	108.350° E	22.933° N	100	21.8	28.2	39.4	12.8	−1.5	1350.0
广西马山	108.417° E	23.833° N	280	21.2	28.0	38.9	11.5	−0.7	1660.0
广西桂林雁山区	110.294° E	25.098° N	150	19.6	28.4	37.5	8.3	−3.0	1894.0
广东韶关	113.600° E	24.783° N	60	20.2	28.4	42.0	11.2	−3.6	1537.4

续表

产地	经度	纬度	海拔（m）	年均温（℃）	最热月均温（℃）	极端最高气温（℃）	最冷月均温（℃）	极端最低气温（℃）	年降水量（mm）
贵州罗甸	106.733° E	25.417° N	600	20.0	26.8	38.6	10.2	−1.6	1334.0
浙江温州	120.630° E	28.003° N	20	18.5	28.0	39.6	8.0	−3.9	1800.0
四川乐山	103.667° E	29.433° N	500	17.5	25.9	36.7	7.1	−2.9	1264.2
湖南耒阳*	112.729° E	26.479° N	120	17.9	29.4	41.1	6.0	−6.5	1337.0
重庆黔江区*	108.470° E	29.692° N	508	15.4	25.9	4.3	1.7	−5.8	1294.6

注：标*的地区由于冬季存在冰雪天气，降香黄檀无法越冬，野外栽植的幼苗全株会冻死。

2. 水分

降香黄檀极耐旱，原产地的海南西部台地，虽然年降水量约 1600 mm，但分布极不均匀，旱湿分明，为半干旱区，12 月到翌年 4 月降水稀少，当地原生植被以稀树草原和热带半落叶季雨林为主。在广西凭祥、马山等地的喀斯特石灰岩缝隙中，降香黄檀生长良好，能天然更新，郭文福等（2006）研究发现其生长量与原产地相当。

肥沃湿润土壤能显著提高生长量，人工育苗 3 年生苗高 4 m，胸径达 5 cm。但是，降香黄檀忌长期积水，长期积水易导致生长不良。原产地海南东方坡鹿自然保护区，台地土壤黏重，常有季节性积水，降香黄檀生长良好。

3. 光照

降香黄檀属阳性树种，但幼苗、幼树稍耐荫蔽。原产地海南西部台地，阳光充足，生长良好；引种地广西马山喀斯特石灰岩山地，近于石漠化，光照充足，生长良好。郑坚等（2016）进行的遮阴对降香黄檀幼苗生长影响的研究表明，随着遮阴程度的增加，处理时间的延长，降香黄檀幼苗的苗高、地径逐渐降低，生长越来越弱，且表现越来越明显。

4. 土壤

降香黄檀对土壤要求较为宽泛，砖红壤、赤红壤、红壤、红色石灰土、棕色石灰土上都能生长。原产地自然生长常见于山脊、陡坡、岩石裸露的贫瘠干旱地带以及台地季节积水地。引种到大陆，除褐色石灰土、肥沃园土上成片造林生长良好外，山地成片造林干形弯曲，树冠残败，树叶枯黄，几乎不成林。但在各地路旁、屋旁、沟旁等处有零星栽植，生长良好。

5. 群落

降香黄檀原产地在石灰岩山地缓坡地带，降香黄檀常与龙眼（*Dimocarpus longan*）、红花天料木（*Homalium ceylanicum*）、云南野桐（*Mallotus yunnanensis*）、叶被木（*Streblus taxoides*）、余甘子、土蜜树（*Bridelia tomentosa*）、黄豆树、皂帽花（*Dasymaschalon trichophorum*）、海南藤春（*Alphonsea hainanensis*）、倒吊笔（*Wrightia pubescens*）、苦树（*Picrasma quassioides*）、米仔兰（*Aglaia odorata*）、红果樫木（*Dysoxylum binectariferum*）、合果木、木棉、牛矢果（*Osmanthus matsumuranus*）、水锦树（*Wendlandia uvariifolia*）、山石榴（*Catunaregam spinosa*）、海南榄仁、毛柿（*Diospyros strigosa*）、乌墨（*Syzygium cumini*）等混生。在山地沟谷酸性土上，降香黄檀常与毛柿、海南榄仁、广东箣柊（*Scolopia saeva*）、公孙锥（*Castanopsis tonkinensis*）、银柴（*Aporosa dioica*）、闭花木（*Cleistanthus sumatranus*）、土蜜树、光叶巴豆（*Croton laevigatus*）、香合欢、倒吊笔、麻楝（*Chukrasia tabularis*）、牛矢果、厚皮树等混生。而在台地砂生灌丛林，降香黄檀常与刺桑（*Streblus ilicifolius*）、叶被木、肖婆麻（*Helicteres hirsuta*）、牛筋果（*Harrisonia perforata*）等混生。

（三）生长规律

1. 苗期生长规律

吴国欣等（2010）在广西南宁进行的降香黄檀苗期生长研究表明，降香黄檀生长表现出明显的"慢—快—慢"的 S 形曲线，可以将苗木的生长过程划分为 4 个生长时期：出苗期（2 月中旬至 4 月上旬）、生长初期（4 月中旬至 6 月上旬）、生长盛期（6 月中旬至 10 月上旬）、生长后期（10 月中旬至 12 月中旬）。生长初期维持时间较短，6 月中旬进入生长盛期，直到 10 月上旬。生长盛期维持时间较长，约 118 天，苗高生长量最大，占整个苗高生长量的 64.77%。

2. 林分生长规律

降香黄檀寿命长，达百年以上，但生长速度稍慢。在干旱瘠薄的土地上天然生长，23 年生树高 10.9 m，胸径 12.6 cm；沙质壤土上的人工林，16 年生平均树高 12.4 m，胸径 17.0 cm。

降香黄檀在引种至广西林科院树木园后，因立地条件较差，生长缓慢，20 年生树高仅 4.9 m，胸径 9.0 cm。在广西凭祥的石灰岩缝隙中造林，24 年树高达到 16.8 m，胸径达 24.1 cm，达到原产地生长水平。详见表 2-19。考查中我们发现，在广西柳州的广西生态工程职业技术学院、广西桂林雁山区的广西植物研究所零散栽植的降香黄檀，也有较高生长水平，胸径年生长超过 0.8 cm。

表 2-19　不同地区降香黄檀生长情况

地点	立地条件	树龄	树高（m）		胸径（cm）		生长评价
			总量	平均	总量	平均	
海南乐东	原产地，砖红壤，人工林	16	12.4	0.78	17.0	1.06	很好
海南尖峰岭	原产地，砖红壤，天然林	23	10.9	0.47	12.6	0.55	一般
广西凭祥	引种地，棕色石灰土，人工林	24	16.8	0.70	24.1	1.00	很好
广西马山	引种地，棕色石灰土，人工林	13	11.6	0.89	7.7	0.59	好
广西南宁	引种地，赤红壤，人工林	20	4.9	0.25	9.0	0.45	不良

资料来源：郭文福，贾宏炎.降香黄檀在广西南亚热带地区的引种［J］.福建林业科技，2006（4）：152-155.

三、良种资源

降香黄檀原产于海南本岛，分布范围窄，种质资源总量少。但是，洪舟等（2018、2020）研究发现，降香黄檀存在丰富家系间以及家系内个体间的遗传变异；降香黄檀通过低温驯化，可以增强幼苗的耐寒能力。这些研究为降香黄檀良种选育和采种育苗提供了很好的指导。

四、采种

（一）种源与母树选择

采集当地或与气候相似地区的母树采种。选择树干通直、胸径粗、生长旺盛的母树采种。

（二）种子收集与处理

降香黄檀种子 10～12 月成熟，各地略有不同，结实有大小年之分。成熟时果壳由绿色变为黄褐色。降香黄檀种子为荚果，采回的荚果先放在室内通风处铺开晾干，然后去除果荚边缘，即得带果荚种子，可即播或短途运输。带果荚低温保存效果好，带果荚直接播种发芽率高。出种率约为 70%，每千克种子 3500～4500 粒，千克种子出圃苗木约 1500 株。

五、育苗

（一）圃地选择

圃地宜选择日照充足、排灌方便及交通运输方便地块。降香黄檀喜湿润，但忌积水，圃地作床时需做高床，修筑好排水沟。

（二）播种时间

播种时间宜早。建议冬播，即采即播。

（三）芽苗培育

播种前，种子先用清水浸种 24 小时，再用 0.5% 高锰酸钾溶液消毒，消毒后取出种子滤水至种子不黏粒，再将种子散播在用火烧土拌好的苗床上。播种后，用细土将其覆盖，厚约 2 cm，畦面铺上稻草。播种后，早晚淋水，保持土壤湿润，约 10 天开始发芽。

（四）育苗袋

采用（12～14）cm×（14～18）cm 规格的立体无纺布容器。

（五）基质

将黄心土、腐熟的菌渣、打碎的树皮按体积比 7∶2∶2 的比例充分混匀配成轻土营养基质。或用泥炭土∶椰糠（或谷壳、锯木屑、树皮）按体积比 7∶3 充分混匀配成轻型营养基质。

苗木移栽前 1 天，用 0.5% 高锰酸钾溶液淋透基质后覆盖干净薄膜，移植时再掀去薄膜。

（六）袋苗培育

芽苗长至 3～5 cm 时可进行移植。在容器杯中间打 1 个小洞，将芽苗栽入其中，轻压根部，淋透定根水。移植后覆盖遮光度为 80% 的遮阳网。移植 10 天后视苗木木质化程度逐渐撤除遮阳网。视基质干湿程度，早晚进行淋水。

移栽半个月后，勤施薄施尿素，1 个星期 1 次，尿素浓度为 0.1%。如果管理得当，1 年苗苗高 40 cm 以上。除喀斯特石灰岩山地造林采用 1 年生袋苗外，村屯及城市绿化需采用美植袋大袋苗，苗木应该在胸径 4 cm、高度 3 m 以上。

（七）苗木出圃

苗木出圃前 1 个月，对容器杯进行移动，断根、炼苗并分级。苗木移动前 1 天，淋透水。移动后保持基质湿润，早晚各淋水 1 次。

（八）苗木标准

降香黄檀苗木标准见表 2–20。

表 2-20 降香黄檀苗木标准

苗龄（年）	合格苗				综合控制条件
	I 级苗		II 级苗		
	地径（cm）	苗高（cm）	地径（cm）	苗高（cm）	
1	> 0.8	> 60	0.5～0.8	40～60	苗干通直、单一主干、顶芽健壮、长势旺、木质化好、根系发达、干皮及根系无劈裂损伤、无检疫性病虫害

六、造林

（一）适生区域及立地选择

选择最冷月平均温度 10 ℃以上，无冰雪的地区造林。降香黄檀属阳性树种，耐旱不耐湿，自然生长常见于山脊、陡坡和岩石裸露的贫瘠干旱地带，在肥沃的沙壤土上生长最好。

降香黄檀在喀斯特石灰岩山地山坡中下部、酸性土极肥沃菜园土稍能成规模栽培，村旁、路旁、沟旁等处生长较好，是优良园林绿化树种，酸性土山坡造林效果差。因此，降香黄檀造林仅可在棕色石灰土、肥沃菜园土和园林绿化 3 类条件下进行。

（二）整地与造林密度

石灰岩山地造林，根据土被分布情况，选择栽植点。块状砍草，穴状整地，栽植穴规格为 50 cm × 50 cm × 30 cm。栽植密度，也应考虑土被情况，株行距控制在 3 m × 3 m，株数控制在 1111 株 /hm² 为宜。

四旁植树，依据树体和土团大小，确定栽植穴规格，通常在（60～100）cm ×（60～100）cm ×（40～60）cm。栽植密度，株行距控制在（4～6）m ×（4～6）m 为宜。菜园土造林，参考四旁植树，进行林间间作农作物，以耕代抚。

（三）造林季节

春季或雨季造林。

（四）苗木选择

根据造林类型，石灰岩山地造林和菜园土栽植，选择 1 年生 I、II 级苗造林。选择干粗、顶芽饱满、根系完整的合格苗。严禁选用根系为黑色的老化苗木。园林绿化，可选择胸径 4～10 cm 大袋苗栽植。

（五）栽植

选择下雨前后无风的天气栽植。栽植之前要对苗木的过长根系进行适当修剪。造林要将容器袋解除，且确保容器中的基质不散，栽植时覆土踩实，且确保容器基质完好，使容器基质与穴中的土壤充分接触，以利于根系伸展。

（六）抚育管理

栽植后应及时检查，清除死苗、缺苗或弱苗，及时进行补植，以确保林相整齐。栽植 3 年内，每年 5 月和 8 月进行全面砍草抚育、块状扩穴培土。结合抚育进行施肥，每年施追肥 1 次，每次施复混肥 1 kg。立地条件较好的林地可适量减少追肥。

七、间伐与主伐

降香黄檀仅利用心材，边材几无用处。心材形成通常要 20 年，采伐利用树龄在 60 年以上，且树龄越长，心材比例越高。因此，在经营过程中随时调整郁闭度，当林分郁闭度达 0.9 左右时，对被压木、病虫木等进行间伐（或移栽）。经多次间伐，培育优质木材。

八、用途及发展前景

（一）材用

降香黄檀为红木中最高端木材，边材呈淡黄色，质略疏松，几无用处；心材呈红褐色，气干密度约 0.94 g/cm³，坚重，纹理致密美观，不裂不变形，耐腐耐虫蛀，香气持久，为家具、雕刻工艺品的上等材料，尤其在明、清两代宫廷家具中最为盛行，具极高的经济价值，木材售价在人民币 300 万元 / 吨左右。

（二）园林绿化

降香黄檀枝干扭曲，树冠伞形，属半落叶阔叶树种，叶片小，是优良的园林绿化树种。降香黄檀散生栽植生长更快，经济效益更高，为优良的园林绿化树种。

（三）药用

降香黄檀木材含有芳香油，以心材蒸馏得到的降香油，气味清香，久不挥发，是香料的定香剂，也是高级镇痛药材，具有抗血凝、氧化、扩冠脉等作用，为名贵药材降香。在传统医学和藏医学中已有上千年的历史，在《中华人民共和国药典》中能直接利用的 426 种药用植物中就包括降香黄檀。

第八节　柚木

别名： 胭脂树、紫柚木（云南）、石盐（海南）、麻栗（台湾）
木材商品名： 柚木
学名： *Tectona grandis* L.f.
科名： 马鞭草科

柚木是热带地区的主要造林树种，引进我国已有 170 多年历史。因木材花纹美丽，材质优良，曾为世界上最珍贵的用材之一，木材以重量计价。然而，柚木是典型热带树种，对热量、水分和土壤肥力要求极高，造林区域选择不当易造成造林失败。在典型热带气候的云南西双版纳，柚木林 18 年林分平均胸径可达 30 cm，木材心材约占 3/4，可采伐利用。而在北热带的广西南部，柚木生长极慢，柚木推广人工造林 40 年，胸径超过 30 cm 的树木屈指可数。

一、形态特征与分布

（一）形态特征

大乔木，高达 40 m；小枝淡灰色或淡褐色，四棱形，具 4 槽，被灰黄色或灰褐色星状绒毛。叶对生，厚纸质，全缘，卵状椭圆形或倒卵形，长 15 ～ 70 cm，宽 8 ～ 37 cm，顶端钝圆或渐尖，基部楔形下延，表面粗糙，有白色突起，沿脉有微毛，背面密被灰褐色至黄褐色星状毛；侧脉 7 ～ 12 对，第三回脉近平行，在背面显著隆起；叶柄粗壮，长 2 ～ 4 cm。圆锥花序顶生，长 25 ～ 40 cm，宽 30 cm 以上；花有香气，但仅有少数能发育；花萼钟状，萼管长 2.0 ～ 2.5 mm，被白色星状绒毛，裂片较萼管短；花冠白色，花冠管长 2.5 ～ 3.0 mm，裂片长约 2 mm，顶端圆钝，被毛及腺点；子房被糙毛；花柱长 3 ～ 4 mm，柱头 2 裂。核果球形，直径 12 ～ 18 mm，外果皮茶褐色，被毡状细毛，内果皮骨质。花期 8 月，果期 10 月。

（二）分布

柚木天然生长于印度、缅甸、泰国和老挝。分布范围为北纬 9.00° ～ 25.55°，东经 79.00° ～ 103.00°。垂直分布于海平面至海拔 1300 m 地带，但多见于海拔高 800 m 以下的低山、丘陵和台地。

柚木最早于 400 ～ 600 年前被引种到印度尼西亚爪哇岛，1680 年引种到斯里兰卡。

1902 年，柚木首次被引种到亚洲以外的尼日利亚，之后还被引种到科特迪瓦和加纳等非洲国家。1913 年，在热带美洲的特立尼达和多巴哥首次建立了柚木人工林，后来柚木又被引入哥斯达黎加和巴西，目前已遍及 4 大洲的 50 多个国家。柚木造林面积较大的国家分别是印度、印度尼西亚、缅甸。

我国早在 1820 年前，将其引种于云南边境寺庙作庭园绿化。台湾于 1901 年在高雄等地试种，广东、广西、海南引种近 60 年。目前种植范围遍及 10 个省（区）60 多个县（市）。海南尖峰岭林区海拔 150 ~ 450 m 群山环抱的山坳种植的柚木，19 年生树高 18.1 m，径粗 19.6 cm，接近或达到原产地水平。云南河口一小片柚木林，7 年生平均树高 13.5 m，平均胸径 23.5 cm。广东西江林场在水湿条件较好的冲积沙壤土种植的柚木，16 年生平均树高 14.5 m，平均胸径 32.7 cm。在遗传改良与集约经营下，20 ~ 25 年生的柚木，平均胸径可达 35 ~ 40 cm，平均树高达 20 ~ 25 m。

二、生物生态学特性

柚木对气候要求较为苛刻。我国热带和南亚热带地区年平均气温 21 ~ 25 ℃，≥ 10 ℃年积温 7500 ~ 9000 ℃的温度，基本符合柚木的要求。云南、福建、广东和广西，当出现强大的寒潮、气温降至 –1 ℃时，会引起柚木冻害。从降水量来说，除少数地区年降水量少于 1000 mm 以外，通常在 1200 ~ 2000 mm，与原产地比较一致。云南元谋干热河谷区，年降水量 611 mm，≥ 10℃年积温达 7986 ℃，年平均气温 22 ℃，13 年生柚木树高和胸径分别为 12.6 m 和 26.3 cm，接近或超过了原产地的柚木生长。柚木叶大而根浅，生长发育要求较为静风环境，风力 8 级左右就会出现落叶、断枝、倾斜、折干或风倒。

三、良种资源

我国柚木引种已有 100 多年历史，但系统的柚木遗传改良始于 20 世纪 70 年代初，中国林业科学研究院热带林业研究所先后在柚木天然分布区与引种栽培区内收集了 106 个种源、309 个家系、866 株优树，建立基因库、种源 / 家系 / 无性系、无性系种子园及缅甸金柚木种子园，选出抗锈病种源、抗旱种源、抗风种源和耐酸性土种源。

四、采种

（一）种源与母树选择

优先选择无性系种子园种子。在种子园种子不足时，可选择树龄为 20 年以上、干形通直、圆满、无病虫害的母树采种；或在生长好的、来源清楚的人工林、片林或母树林中采种。在劣树、劣质林分、四旁孤立木采种造林，新造人工林林分生长慢，分化严重，木材产量低。如果从国外进口的柚木种子，则必须是来自种子园、母树林或生长好的林分。

（二）种子收集与处理

柚木果实为坚果，外表被毡状绒毛，内果皮骨质，近球形，外由花萼发育成的不同形状种苞所包裹。每公斤 1100 ～ 3500 粒果实。花期 5 ～ 9 月，果期 12 月至翌年 2 月。如海南尖峰岭为 12 月至翌年 2 月，云南景洪为 1 ～ 3 月，云南河口为 1 ～ 2 月，广州为 2 ～ 3 月，广西凭祥为 3 ～ 4 月。当宿存花萼由青色变枯黄色，可采种。可上树采集或上树摇落柚木果。采集后暴晒 2 ～ 3 天，搓去宿存的花萼以及剔除发育不良、虫蛀的种子，装入布袋。

即采即播。种子用布袋或麻袋放置在荫凉、通风处，可存放 3 ～ 4 个月。控制种子含水量约 12%，密封在干凉的条件下，可贮藏 2 ～ 3 年。0 ～ 4 ℃条件下，贮藏时间可达到 5 ～ 10 年。

五、育苗

（一）圃地选择

圃地应选择交通方便、水源和阳光充足、排水良好、地势较高、地形平坦开阔的地块。宜选疏松、肥沃、通气性和透水性良好的沙壤土、轻壤土或壤质沙土作苗圃，黏土不宜，土壤以微酸性、中性至微碱性（pH 值为 5.0 ～ 7.5）为宜。避免选择菜地、木薯地等作苗圃。圃地经多次犁耙翻晒后，平整做成 0.8 ～ 1.0 m 宽的苗床，床面可均匀撒入 2 ～ 3 cm 厚的火烧土与细沙各 50% 的混合土。

（二）播种时间

广东、广西柚木育苗必须避开低温阴雨季节，以 3 ～ 4 月份播种为宜。

（三）播种前催芽处理

1. 石灰浆浸沤法

用 2 倍于种子体积的石灰和水搅拌成浆，置于容器内，然后放入种子混合均匀，表面撒少量石灰粉，以不见种子为度，经常检查，防止干燥。经 8 ～ 10 天，取出种子放入臼内轻轻舂捣，舂去绒毛，洗净即可播种。发芽率达 70% 左右，成苗率约为 95%。

2. 日晒夜浸法

早上将种子摊晒于水泥地面上，至下午地面温度最高时，收起种子浸入清水，反复浸晒 7 天后播种。发芽率达 65% 左右，成苗率约为 94%。

3. 综合处理法

先采用石灰浆浸沤 5 天，冲洗干净种子，然后采用日晒夜浸法处理 5～7 天，至脱去大部分绒毛后播种。催芽效果优于上述两种方法，发芽率 80％以上。

4. 农用薄膜法

种子按 1 kg/m² 均匀散播在准备好的苗床上，压种子于土中以平土面为宜，淋足水，然后用农用薄膜覆盖，四周压土密封。在湿热的雨季 10～12 天后开始发芽。

5. 深坑堆沤法

在地头挖深 60～90 cm、长宽 90～120 cm 的深坑，放入种子，淋透水，表面覆盖树叶或稻草，10 天后取出发芽的种子，点播或放播种床育苗。

6. 生长激素处理

首先用清水浸泡种子 24 小时，取出后再用 0.1‰的赤霉素浸种 24 小时后播种，薄膜覆盖，第 3 天可大量发芽，且整齐。

（四）苗木培育

1. 低切干苗培育

当移苗上床时按发芽先后分批分床，分床后适当遮阴，直至小苗恢复生长。分床株行距为（20～25）cm×（25～30）cm。

2. 小棒槌苗

小棒槌苗以主根最粗处直径 0.8～1.5 cm 为好，小于 0.8 cm 的苗木需植回苗圃或营养袋中再培育。1 年生小棒槌苗高 15～45 cm，地径 0.4～1.4 cm，主根段膨大处直径 0.8～2.0 cm，主根直径与地径之比 1.6～2.4，为小棒槌苗壮苗的重要质量指标。适宜培育密度为 250～400 株 /m²。采用不分床，半数种子出苗后调节其密度，用胚苗移植使小苗间距保持密度为 5 cm×5 cm～5 cm×8 cm 之间，移出胚苗栽入预留苗床上，作小棒槌苗培育。苗木过密或过疏，都不形成小棒槌状的主根。管理上，控制水肥，勿使茎叶徒长；抑强扶弱，防止超级苗产生。

3. 营养袋苗

柚木育苗营养袋规格一般采用 7 cm×11 cm 规格。营养土用 1：1：0.05 的新表土、火烧土、钙镁磷肥混合配制而成。移苗前 3～4 天将营养袋装好，当小苗长出第 2 对真叶时，可移苗上袋，移植的小苗恢复生机即可施肥，宜少量多次。以复混与尿素（4:1）混合，按 0.1%～0.2% 水溶液喷施，施后用水淋洗叶面以免烧苗，每 7 天 1 次，适当单施磷肥，以促进根系生长。营养袋苗高 15～20 cm 可出圃。一般 3～4 月份播种，6～7 月份可造林；也可培育 1 年生苗，但需及时移苗切根，减少苗木损失，控制苗木高度在 30～40 cm。

（五）苗木出圃

采用低切干苗造林时，必须是现起苗现种植，造林成活率可在 95% 以上；如提早起苗，在 15 天内仍无法造林，苗木成活率将会降低到 50%。苗木贮藏正好解决此问题，培育小棒槌苗的一大好处就是苗木可以贮藏。在最合适的苗木休眠期起苗，通过合适的苗木贮藏技术可以延长苗木的休眠期。经贮藏 15 个月的小棒槌苗，造林成活率仍可达 90%～100%。

（六）苗木标准

柚木苗木标准见表 2-21。

表 2-21　柚木苗木标准

苗龄	合格苗				综合控制条件
	I 级苗		II 级苗		
	地径（cm）	苗高（cm）	地径（cm）	苗高（cm）	
低切杆苗	＞2.5	—	1.5～2.5	—	苗干通直、单一主干、顶芽健壮、长势旺、木质化好、根系发达、干皮及根系无劈裂损伤、无检疫性病虫害
小棒槌苗	—	—	0.4～1.4	15～45	
容器苗	—	—	—	30～40	

六、造林

（一）适生区域

台湾南部地区、海南、云南红河州及西双版纳，包括台湾南部、海南海拔 700 m以下的低山、丘陵和台地平原，云南红河州元江下游流域的红河至河口 600 m 以下低山、中山、宽谷，金平勐拉、景洪和勐腊海拔 600 m 以下的低山、河谷阶地、宽谷和盆地。以上地区为最适宜区，可营造柚木林。

广东雷州半岛、罗定盆地、高州—茂名丘陵台地、潮揭丘陵河谷平原；云南瑞丽东南部、耿马南定河下游、以及西盟、孟连、江城和屏边的南部海拔 700 m 以下的低山；广西凭祥、龙州、宁明海拔 600 m 以下的低山丘陵地，从东兴、防城、钦州、合浦连线以南 600 m 以下的低山丘陵台地；福建漳州南部。以上地区为较适宜区，以零星四旁植树为主，不宜规模造林。

（二）立地选择

在风大的地区，应注意选择避风地，以减轻风害。有轻微冻害的地方，为减轻霜冻的危害，应选择比较开阔、向阳、空气流通的平地和山坡，避免选择寒流通道及冷空气易于沉积的地形。

柚木最适合生长的土壤为由石灰岩、片岩、片麻岩、页岩和一些类型的火山岩（如玄武岩等）发育而成的土层深厚（> 80 cm）、排水性好的冲积土。在沙质土、浅薄土（< 50 cm）、由砖红壤或泥炭沼泽形成的酸性土壤（pH < 5.0）、重黏土和排水不良的土壤会导致柚木生长不良。柚木适宜在 pH 值 5.5 ~ 7.5，盐基饱和度 > 30%，并有相对高的钙、磷、钾、氮和有机质含量，尤其是钙含量高的土壤上生长。

（三）造林地清理、整地与施基肥

造林地清理采用全面清理或带状清理的方式，以全面清理为最佳。全面清理可选择在秋冬季全面砍伐杂灌，或炼山清理。带状清理仅适合杂灌较稀薄的造林地，一般按 3 m 带宽，依山体，1.5 m 用于堆放杂草，另外 1.5 m 为干净带，在干净带内挖穴。

穴垦，规格为 50 cm × 50 cm × 30 cm。每穴先放钙镁磷肥 200 ~ 250 g，再回填表土至半穴并进行土肥搅拌，最后回心土至稍高于穴面 2 ~ 3 cm。

（四）造林密度

有台风影响或立地条件较差或使用一般种苗，初植株行距宜采用 2 m × 2 m 或 2 m × 3 m，以后通过 3 ~ 4 次间伐，培育中大径材；立地条件好、集约经营程度高或采用无性系苗造林的宜采用 2.5 m × 3 m、2 m × 4 m 或 3 m × 3 m，通过 2 ~ 3 次间伐，培育大径材；四旁植树，宜采用（4 ~ 6）m ×（4 ~ 6）m 造林密度。

（五）造林季节

春季或雨季为宜，尤其是采用低切干苗和小棒槌苗造林必须在雨季完成造林，如推迟 2 ~ 3 个月造林，种植后又需 15 ~ 25 天才能萌发，错过雨季，遇上高温或干旱，成活率会大大降低，即使柚木生长正常，但苗木太小、太弱，不易越冬。

（六）造林模式

1. 林农混作模式

柚木造林初期冠幅小，可通过林农混作，行间间种如花生（*Arachis hypogaea*）、大豆（*Glycine max*）等矮秆作物以耕代抚，一方面以农作物覆盖地面，减少杂草生长；另一方面通过对农作物的除草耕作，促进柚木的生长。有条件的间种一般可持续2～3年。

2. 林牧模式

间种山毛豆（*Tephrosia candida*）、柱花草（*Stylosanthes guianensis*）等固氮植物。利用牧草养殖牛、羊和家禽等。

3. 林果模式

间种凤梨（*Ananas comosus*）、香蕉（*Musa nana*）等。在云南河口常采用该混种模式营造柚木人工林。

4. 林药模式

林下可种植如砂仁（*Amomum villosum*）、益智（*Alpinia oxyphylla*）、肉桂（*Cinnamomum cassia*）等南药。

5. 林林模式

行间可混交如马占相思（*Acacia mangium*）、大叶相思（*Acacia auriculiformis*）、厚荚相思（*Acacia crassicarpa*）或木豆（*Cajanus cajan*）、降香黄檀等乔木固氮树种，必要时对混交树种进行修枝，减少对柚木生长的影响。

（七）栽植

低切干苗和小棒槌苗造林，则起苗后即时切干，按低切干苗地径标准和小棒槌苗标准分级选取合格壮苗备栽。下雨土壤湿透后，用木棍在种植穴中间插1个与苗木长度、大小一致的小洞，将苗木顶部插入地表下1 cm，用手压紧四周，然后穴面回土成龟背状。

采用营养袋苗造林，如气温太高，则在起苗前，剪去2/3的叶片以备造林。下雨土壤湿透后，先在种植穴中间挖一小穴，把塑料袋除去，苗和营养袋土完整放入小穴内培土，用脚压紧四周，再回土高于营养土2～3 cm即可。

（八）抚育管理

南方酸性土壤普遍存在缺磷、钾、钙、镁和钼，在强酸性土壤进行柚木造林，首要问题是改良酸性土壤，其次是平衡施肥。最简便的酸性土壤改良方法是以石灰和碱性的钙镁磷肥作基肥，每穴各1 kg左右，以后每2年追施石灰1次，每株每次施0.5 kg。同时，每年施1次复合肥作追肥，每株每次200～300 g，连续追肥3～4年。每年的追肥应在顶芽开始萌动后半个月至1个月内完成。

造林当年抚育2次，之后的第2～4年每年需砍除杂草灌木3～4次，抚育时间应根据造林时间、杂草影响程度而定，以确保幼树有充足的光照。

七、间伐与主伐

采取 2 ～ 3 次间伐，最终保留株数为 220 ～ 370 株 /hm²。在立地条件较好或集约栽培的条件下，可在造林后的第 6 ～ 7 年开始第 1 次间伐，间伐强度一般为 20% ～ 40%，间伐间隔时间为 5 ～ 6 年。根据立地及经营水平，大约为 20 ～ 25 年，平均胸径达 35 cm 可主伐。

八、有害生物管理

（一）柚木锈病

柚木锈病主要危害成林、幼林和苗木的树叶，造成苗木和树木的严重落叶。防治方法：选用已选出的抗锈病种源或无性系；发病初期及时抚育疏伐，适当修枝；药物防治可用 0.3 度的石硫合剂、敌锈钠或 25% 萎锈灵 200 倍液喷雾或 200 ～ 250 倍的胶体硫黄进行叶背喷雾。

（二）柚木野螟

柚木野螟是一种危害柚木严重的、仅吃叶肉的雕叶虫。1 ～ 2 龄幼虫喜在叶背面吐丝结疏网，于网下取食叶表皮组织。3 龄幼虫开始转到叶正面结疏网，将叶拉成凹陷，在网下取食叶肉，留下叶脉。严重时，整株树叶片的叶肉被吃光，仅留下网状叶脉和维管束，林相如同火烧一般，严重影响柚木当年生长。防治方法：苗圃或幼林，用 90% 敌百虫或 50% 杀螟松乳剂的 1000 倍液进行防治；通过幼林抚育除草，可破坏成虫的栖息环境。

九、用途及发展前景

柚木是世界上最贵重的用材之一。柚木心材比例大，呈暗褐色，能抗白蚁和不同海域的海虫蛀食，极耐腐，在日晒雨淋干湿变明显的情况下不翘不裂，耐水耐火性强。木材气干重约 0.610 g/cm³，中等等级，材质坚韧而耐久，结构致密而美观，纹理通直而易加工。当前木材市场价约 3000 元 /m³，主要用于制造家具、雕刻、木器和贴面板、镶贴板的高级用材。

附　录

附录 1

南方地区具较高经济价值其他用材树种简介

树种	生物生态学特性	栽培技术	利用价值
格木 *Erythrophleum fordii*	常绿乔木，高 30 m，胸径 100 cm。产广西、广东、福建、台湾、浙江，生于山地密林或疏林中，越南亦有分布。幼树嫩芽易受虫蛀，直干性差，混交造林能减轻虫害。	种子繁殖，果期 11～12 月。	岭南名材，广西五大硬木之一，气干密度为 0.90～1.10 g/cm³。木材暗褐色，质硬而亮，纹理致密。可作造船龙骨、首柱及尾柱，房屋建筑的柱材等用材。
浙江楠 *Phoebe chekiangensis*	常绿高大乔木，高 20 m，胸径 50 cm。产浙江、福建北部、江西东部。树干通直，速生。我国南方东部地区优良造林树种。	种子繁殖，果期 10 月。	金丝楠木中最耐寒的一种，材质坚硬。可作建筑、家具等用材。
细叶楠 *Phoebe hui*	常绿大乔木，高 25 m，胸径 60 cm。产陕西南部、四川及云南东北部。野生多见于海拔 1500 m 以下的密林中，也有栽培。四川盆地冲积平原，生长良好。酸性土山地，生长差。	种子繁殖，果期 10 月。	树干通直，木材纹理细密。可作造船、建筑、家具等用材。
崖楠 *Phoebe yaiensis*	常绿乔木，高 15 m，胸径 60 cm。产广西、海南。喜光，耐旱，在广西靖西、那坡石灰岩石缝中生长良好。速生，石缝中天然生长，20 年胸径可达 25 cm，达到利用标准。	种子繁殖，果期 10 月。	树干通直，分枝高，材质优良，木材气干密度为 0.79 g/cm³，为目前已知楠属树种中木材密度最高的树种。
赤皮青冈 *Cyclobalanopsis gilva*	常绿乔木，高 30 m，胸径 100 cm。产浙江、福建、台湾、湖南、广东、贵州、重庆。日本亦有分布。生于海拔 1500 m 以下山地。青冈属东亚广布种，在分布区内为主要建群树种之一。	种子繁殖，果期 10 月。	心材暗红褐色，纹理直，质坚重，强韧有弹性，气干密度为 0.85～0.91 g/cm³。优良硬木，可制车轴、滑车、农具、油榨、家具等。

续表

树种	生物生态学特性	栽培技术	利用价值
福建青冈 *Cyclobalanopsis chungii*	常绿乔木，高 15 m。产江西、福建、湖南、广东、广西，生于海拔 800 m 以下山坡、山谷疏林或密林中。广东封开常生长在山谷土壤湿润密林中，湖南有时生长在石山上，与青冈、化香树组成常绿落叶混交林。	种子繁殖，果期 10 月。	木材红褐色，心边材区别不明显，材质坚实，硬重，耐腐，可作造船、建筑、桥梁、枕木、车辆等用材。
青冈 *Cyclobalanopsis glauca*	常绿乔木，高 20 m，胸径 100 cm。产黄河以南各地。喜光，但幼苗期喜荫润环境。根系发达，能在石缝、岩石间隙生长。萌蘖力强。	播种繁殖，果期 9～10 月。	木材坚硬，耐摩擦冲击，抗腐蚀性强，可作造船、桥梁、建筑等用材。
毛果青冈 *Cyclobalanopsis pachyloma*	常绿乔木，高 17 m。产江西、福建、台湾、广东、广西、贵州，生于海拔 850 m 以下湿润山地、山谷森林中。	播种繁殖，果期 9～10 月。	木材坚硬，耐摩擦冲击，抗腐蚀性强，可作造船、桥梁、建筑等用材。
多脉青冈 *Cyclobalanopsis multinervis*	常绿乔木，高 12 m。产安徽、江西、福建、湖北、湖南、广西及四川。生于海拔 1000 m 以下，常组成小片纯林。	播种繁殖，果期 10～11 月。	木材坚硬，耐摩擦冲击，抗腐蚀性强，可作造船、桥梁、建筑等用材。
川黔紫薇 *Lagerstroemia excelsa*	落叶大乔木，高 30 m，胸径 100 cm。产贵州、四川、湖北及湖南，生于海拔 1200～2000 m 的山谷密林中。	种子繁殖，果期 7 月。	树干通直，材质坚硬，结构细致，木材加工性质优良，刨削后面光滑，易干燥，优良的家具用材。
尾叶紫薇 *Lagerstroemia caudata*	落叶高大乔木，高 30 m，胸径 40 cm。喜光，喜钙，常生于石山中下部疏林中或路旁、林缘，石灰岩山地常抱石而生。产广东、广西、江西。	种子繁殖，果期 11～12 月。	木材坚硬，纹理细致，淡黄色，可作上等家具、室内装修、细木工或雕刻等用材。
小叶红豆 *Ormosia microphylla*	常绿乔木，高 10 m。产于广西、贵州。生于密林中。	种子繁殖，果期 10 月。	心材深紫红色至紫黑色，材质坚重，有光泽，有"广西紫檀"之称。木材价格以 kg 计算，当前市场价人民币 6 万元/kg。
木荚红豆 *Ormosia xylocarpa*	常绿乔木，高 20 m，胸径 150 cm。产江西、福建、湖南、广东、海南、广西、贵州。生于山坡、山谷、路旁、溪边疏林或密林内。	种子繁殖，果期 10 月。	心材紫红色，结构细匀，可作优良木雕工艺及高级家具等用材。
红豆树 *Ormosia hosiei*	常绿乔木，高 30 m，胸径 100 cm。产陕西、甘肃、江苏、安徽、浙江、江西、福建、湖北、四川、贵州。生于海拔 900 m 以下河旁、山坡、山谷林内。	种子繁殖，果期 10 月。	木材坚硬细致，纹理美丽，有光泽，耐腐朽，为优良木雕工艺及高级家具等用材。

续表

树种	生物生态学特性	栽培技术	利用价值
花榈木 *Ormosia henryi*	常绿乔木，高15 m。产长江流域及其以南地区。喜湿暖，亦耐低温。较能耐旱耐瘠，但过于瘠薄生长不良。喜光，幼树耐荫。萌蘖能力强。	播种繁殖，果期10～11月。	材质硬度适中，切面光滑，心材暗赤带黄色，为高级家具和雕刻、镶嵌等工艺良材。
贵州石楠 *Photinia bodinieri*	常绿乔木，高15 m。产陕西、江苏、安徽、浙江、江西、湖南、湖北、四川、云南、福建、广东、广西，生长于海拔600～1000 m灌木丛中。	播种繁殖。果期10～11月。	木材硬理，气干密度为0.98 g/m³，纹理亮丽，高档家具用材。
紫荆木 *Madhuca pasquieri*	常绿乔木，高30 m，胸径60 cm。产广东西南部、广西南部、云南东南部，生于海拔1000 m以下混交林中或山地林缘。	播种繁殖，果期10～12月。	广西五大硬木之一，气干密度为1.13 g/cm³，木材不翘不裂，为高档家具用材。
荔枝 *Litchi chinensis*	常绿乔木，高15 m，产我国西南部、南部和东南部，尤以广东和福建南部栽培最盛。	播种繁殖，果期7月。	优良木材，可作造船、梁、柱、上等家具等用材。但木材易变形，加工处理稍烦琐。
蚬木 *Excentrodendron tonkinense*	常绿乔木，高20 m，胸径达300 cm。产广西南部，越南北部亦有分布。石灰岩常绿落叶阔叶林优势种。	播种繁殖。果期6～7月。	广西五大硬木之一，气干密度为0.97 g/cm³，韧性强，木材易翘、裂、变形，加工较为困难，常作菜板。
大花序桉 *Eucalyptus cloeziana*	常绿乔木，其树形高大笔直，树高可达50 m以上，原产于澳大利亚，广西、广东、海南、福建、四川、重庆有引种，生长良好。	播种繁殖，果期12月。	木材质地坚硬，为制作家具优良木材，被称为"澳洲大花梨"。
柠檬桉 *Eucalyptus citriodora*	常绿大乔木，高28 m，树干挺直。原产于澳大利亚，广西、广东、福建、海南、四川有引种。	播种繁殖，果期5～6月及9月。	材质硬重强韧，耐磨抗腐，广泛应用于工矿、建筑、造船及高档实木家具。

附录2

植物中文名索引
（按笔画为序）

附录 3

植物拉丁名索引

参考文献

［1］中国科学院中国植物志编辑委员会.中国植物志［M］.北京：科学出版社，1993.

［2］Wu Z Y, Raven P H, Hong D Y, et al. Flora of China. Beijing: Science Press, 2011.

［3］梁瑞龙，黄开勇.广西热带岩溶区林业可持续发展技术［M］.北京：中国林业出版社，1993.

［4］杨家驹，程放，杨建华，等.木材识别——主要乔木树种.北京：中国建材工业出版社，2009.

［5］梁盛业.广西树木志（1～3卷）.北京：中国林业出版社，2014.

［6］DB 45/T 1260-2015，闽楠容器育苗技术规程［S］.

［7］DB 45/T 1260-2015，闽楠栽培技术规程［S］.

［8］LY/T 1900-2010，柚木培育技术规程［S］.

［9］梁瑞龙，李娟，林建勇，等.楠木种源/家系苗期生长性状变异与初步选择［J］.广西林业科学，2019，48（4）：430-437.

［10］林建勇，李娟，李俊福，等.采集干扰对闽楠种群结构和数量的动态影响［J］.森林与环境学报，2020，40（4）：377-385.

［11］李娟，欧汉彪，林建勇，等.我国楠属种质资源分布现状及主要种特征差异［J］.广西林业科学，2020，49（1）：54-59.

［12］林建勇，李俊福，何应明，等.人为干扰（采集）对闽楠群落优势种群生态位的影响［J］.广西林业科学，2020，49（1）：60-65.

［13］李娟，林建勇，姜英，等.不同种源闽楠种子形态特征和主要营养成分分析［J］.广西林业科学，2019，48（3）：307-312.

［14］林建勇，唐复呈，何应明，等.人为干扰对闽楠群落结构及物种多样性的影响［J］.西部林业科学，2019，48（4）：72-78.

［15］李娟，董利军，林建勇，等.楠木树种种质资源的 ISSR 分析［J］.分子植物育种，2018，16（19）：6428-6435.

［16］李娟，梁瑞龙，姜英，等.闽楠优质苗培育技术［J］.广西林业科学，2015，44（3）：308-310.

［17］薛沛沛，陈本文，祝元春，等.重庆市珍贵用材树种桢楠生长规律［J］.湖北农业科学，2020，59（24）：128-132.

［18］丁文，宁莉萍，杨威，等.桢楠精油、精气化学成分及精油生物活性研究［J］.西北农林科技大学学报（自然科学版），2017，45（9）：123-128.

［19］范辉华，李建民，陈永滨，等.闽楠光合特性测定分析［J］.西部林业科学，2016，45（5）：49-53.

［20］陈建毅.闽楠人工林物候观测研究［J］.安徽农业科学，2014，42（20）：6742-6743.

［21］江香梅，肖复明，龚斌，等.闽楠天然林与人工林木材物理力学性质研究［J］.林业科学研究，2008，21（6）：862-866.

［22］吴载璋，陈绍栓.光照条件对楠木人工林生长的影响［J］.福建林学院学报，2004（4）：371-373.

［23］吴大荣.福建萝卜岩闽楠（Phoebe bournei）林中优势树种生态位研究［J］.生态学报，2001（5）：851-855.

［24］吴大荣，吴永彬.闽楠〔Phoebe bournei（Hemsl.）Yang〕种群的天然更新［J］.植物资源与环境，1998（3）：9-13.

［25］吴大荣.福建省萝卜岩自然保护区闽楠种群种子雨研究［J］.南京林业大学学报，1997（1）：58-62.

［26］吴大荣.萝卜岩保护区闽楠种群与优势蕨类植物种间联结分析［J］.植物资源与环境，1997（1）：17-21.

［27］邹惠渝，吴大荣，陈国龙，等.萝卜岩保护区闽楠种群生态学研究——优势乔木种间联结［J］.南京林业大学学报，1995（2）：39-45.

［28］梁瑞龙，廖仁雅，戴俊.红椿濒危原因分析及保护策略［J］.广西林业科学，2011，40（3）：201-203.

［29］王瑞文，李玲，郭赟，等.不同光照时间对毛红椿种子活力的影响［J］.种子，2017，36（5）：40-43.

［30］李培，阙青敏，吴林瑛，等.红椿不同种源的苗期生长节律研究［J］.华南农业大学学报，2017，38（1）：96-102.

［31］吴际友，李艳，李志辉，等.红椿半同胞家系生长与早期选择［J］.中南林业科技大学学报，2016，36（4）：1-4.

［32］李培，阙青敏，欧阳昆唏，等.不同种源红椿SRAP标记的遗传多样性分析［J］.林业科学，2016，52（1）：62-70.

［33］陈明皋，程勇，盛杰.红椿半同胞家系苗期光合特性研究［J］.中国农学通报，2016，32（1）：17-21.

［34］李培.红椿地理变异及遗传多样性研究［D］.北京林业大学，2015.

［35］李艳，吴际友，邓小梅，等.红椿种源试验林早期生长表现［J］.湖南林业科技，2015，42（5）：50-54.

［36］龙汉利，冯毅，向青，等.四川盆周山地红椿生长特性研究［J］.四川林业科技，2011，32（3）：37-41，68.

［37］云南省林业科学研究所.红椿［J］.云南林业科技通讯，1977（4）：43-49.

［38］柳国海，何斌，韦铄星，等.香合欢人工林生长规律及其生长模型研究［J］.广西林业科学，2021，50（5）：508-513.

［39］梁瑞龙.坚强的榉树［J］.广西林业，2019（11）：48.

［40］梁瑞龙，林建勇，李娟，等.广西隆林县榉木生长调查［J］.广西林业科学，2012，41（4）：370-374.

［41］梁建平，蒋军林，秦武明，等.广西南宁46年生降香黄檀人工林生长规律［J］.浙江农林大学学报，2015，32（4）：523-528.

［42］郭文福，贾宏炎.降香黄檀在广西南亚热带地区的引种［J］.福建林业科技，2006（4）：152-155.

［43］马华明，梁坤南，周再知.我国柚木的研究与发展［J］.林业科学研究，2003（6）：768-773.

［44］梁坤南，王尚明，杨国清，等.柚木种源／施肥试验初报［J］.广东林业科技，2002（2）：5-9.

［45］杨淼淼，何文广，陈文荣，等.江南油杉优树种子表型性状的多样性分析［J］.福建林业科技，2020，47（4）：18-21，30.

［46］梁瑞龙，熊晓庆.珍稀的格木古树［J］.广西林业，2018（8）：40-41.

［47］梁瑞龙.格木："国产红木"［J］.广西林业，2014（10）：28-29.

［48］梁瑞龙.小叶红豆："广西紫檀"［J］.广西林业，2014（8）：25-26.

［49］梁瑞龙.榉木："没落的贵族"［J］.广西林业，2014（6）：25-26.

［50］江香梅，肖复明，叶金山，等.闽楠天然林与人工林生长特性研究［J］.江西农业大学学报，2009，31（6）：1049-1054.

［51］梁俊林，毛绘友，郭丽，等，遮阴对3种珍贵乡土阔叶树种幼苗生长及光合作用的影响［J］.西北林学院学报，2019，34（4）：57-63.

［52］Liu H L, Zhang R Q, Geng M L, et al. Chloroplast analysis of Zelkova schneideriana (Ulmaceae): genetic diversity, populationstructure and conservation implications［J］.Genetics and Molecular Research, 2016, 15（1）:1-9.

［53］陈开森，欧雪婷，郭华，等.榔榆硬枝扦插繁殖试验［J］.福建农业科技，2015（5）：30-32.

［54］祝亚云，汪有良，蒋春，等.榔榆单株种子表型变异研究初报［J］.江苏材业科技，2018，45（1）：19-22.

［55］王超，路丙社，白志英，等.不同种源黄连木遗传多样性研究［J］.华北农学报，2010，25（S1）：55-59.

［56］吴志庄，历月桥，汪泽军，等.黄连木天然群体表型变异与多样性研究［J］.林业资源管理，2011（4）：53-58，65.

［57］连辉明，张谦，段祚云，等.广东降香黄檀人工林生长及寒害调查分析［J］.中南林业科技大学学报，2014，34（10）：26-31.

［58］洪舟，张宁南，杨曾奖，等.低温胁迫对不同产地降香黄檀幼苗生理特征影响［J］.西北林学院学报，2020，35（3）：29-35.

［59］吴国欣，王凌晖，俞建妹，等.降香黄檀幼苗年生长节律研究［J］.浙江林业科技，2010，30（3）：56-60.

［60］洪舟，杨曾奖，张宁南，等.降香黄檀生长和材性性状种源差异及早期选择［J］.南京林业大学学报（自然科学版），2020，44（1）：11-17.

［61］洪舟，刘福妹，张宁南，等.降香黄檀生长性状家系间变异与优良家系初选［J］.南京林业大学学报（自然科学版），2018，42（4）：106-112.

附　图

▲　广西富川，楠木天然林，树龄约 50 年，平均胸径约 40 cm

▲　贵州思南，喀斯特石灰岩山地的楠木天然林

▲ 湖南永州金洞管理区，四旁绿化楠木，树龄 32 年，平均胸径 47.4 cm

▲ 湖南永州金洞管理区，四旁绿化楠木

▲ 湖北来凤，砂页岩黄壤地的楠木天然林

▲ 广西融水，楠木家具

▲ 广西北海，楠木根雕工艺品

▲ 广西南宁，楠木家具

▲ 广西融水贝江河林场培育的 2 年生楠木大袋苗

▲ 广西融水贝江河林场，楠木人工林，树龄 2 年，平均树高 2.45 m

▲ 广西融水贝江河林场，楠木人工林，树龄 5 年，平均树高 5.8 m，平均胸径 6.5 cm

▲ 江西永丰官山林场，利用楠木进行杉木纯林改造

▲ 广西大桂山林场，利用楠木进行桉树纯林改造

▲ 广西隆林，红椿天然林

▲　广西浦北，天然生长红椿，树龄约 18 年，胸径 68 cm

▲　广西隆林，红椿木材

▲ 广西百色，红椿木材，截面估测径粗年生长在 2 ~ 3 cm，树龄 20 年内

▲ 广西百色，红椿家具

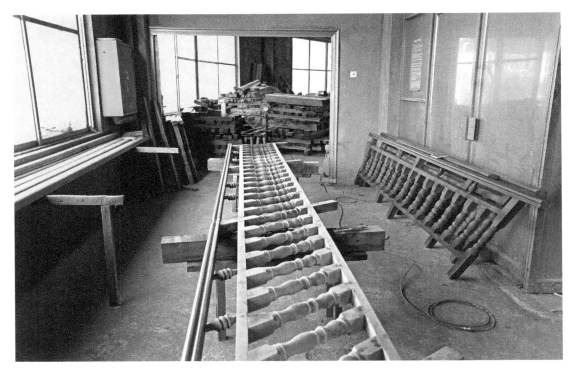

▲ 广西隆林，红椿楼梯扶手

▲ 广西融水贝江河林场，红椿人工林，树龄 18 个月，最大胸径 9 cm

▲　四川攀枝花，干热河谷地稀树草原，野生香合欢

▲　海南儋州，香合欢劈石而生

▲ 广西乐业，南盘江边干热河谷地，香合欢天然更新林

▲ 广西南宁，广西林业科学研究院，香合欢人工林，树龄 1 年

▲ 广西百色，香合欢家具

▲ 广西田林，香合欢工艺品

▲ 广西都安，喀斯特石灰岩上自然生长的大叶榉树

▲ 广西隆林，酸性燥红壤地的大叶榉树天然次生林

▲ 广西隆林，喀斯特石灰岩山地的大叶榉树天然次生林

▲ 广西融安，喀斯特石灰岩谷地的大叶榉树天然林

▲ 广西隆林，利用废旧老屋拆下的大叶榉树木料加工家具

▲ 广西隆林，大叶榉树木材亮丽的花纹

▲ 广西隆林，大叶榉树家具

▲ 广西隆林，大叶榉树根雕

▲ 广西融水贝江河林场，大叶榉树1年苗

▲ 广西天峨，石灰岩山地自然生长的榔榆

▲ 广西乐业，酸性黄壤地的椰榆天然林

▲ 广西昭平，石灰岩山地自然生长的黄连木

▲ 广西融安，自然生长的黄连木

▲ 湖南江华，黄连木家具

▲ 海南东方，降香黄檀人工林，树龄约 10 年

◄ 广西南宁，广西林业科学研究院，降香黄檀人工林，树龄约30 年

▲ 广西柳州，广西生态工程职业技术学院，四旁植树降香黄檀，树龄约40年

▲ 云南勐腊，柚木人工林，树龄18年，平均胸径约30 cm

▲ 广西玉林，降香黄檀工艺品

▲ 广西玉林，降香黄檀工艺品

▲ 广西凭祥，中国林科院热带实验中心，四旁植树柚木，树龄 42 年

▲ 广西天等，柚木人工林，树龄 5 年